Isabel Güell López

EL CEREBRO
AL DESCUBIERTO

De la emoción a la palabra

editorial Kairós

Numancia, 117-121
08029 Barcelona
www.editorialkairos.com

© 2006 by Isabel Güell López

© de esta edición:
    2006 by Editorial Kairós S.A.

Primera edición: Octubre 2006
Segunda edición: Noviembre 2007

I.S.B.N.-10: 84-7245-631-5
I.S.B.N.-13: 978-84-7245-631-0
Depósito legal: B-46.480/2007

Fotocomposición: Beluga & Mleka. Córcega, 267. 08008 Barcelona
Impresión y encuadernación: Romanyà-Valls. Verdaguer, 1. 08786 Capellades

ÍNDICE

INTRODUCCIÓN

«Realmente, no se sabe nada sobre el cerebro.» ¿Cuántas veces escuchamos esta frase los especialistas de un órgano tan extraordinario como desconocido? Cenaba con una amiga. Acababa de explicarle la enfermedad de un familiar suyo muy querido: la esclerosis lateral amiotrófica. Irreversible, de causa desconocida, sin tratamiento eficaz. Realmente, qué insuficientes son los conocimientos actuales sobre esta enfermedad que provoca una atrofia muscular progresiva sin que podamos detener su evolución. Hay enfermedades que te encogen el corazón y te hacen sentir impotente como médico; ésta es una de ellas. Diagnósticos amargos con los que aprendes a convivir. Pero ese día, mientras cenaba y asentía con la cabeza, se me cayeron encima todas las horas de estudio, libros, revistas, publicaciones, tantos congresos.

Por la noche decidí escribir este libro.

Va por ti, Elena, *in memoriam*. Va por todos aquellos pacientes que acudieron a mi consulta y a los cuales los conocimientos científicos del momento no me permitieron más que diagnosticarles un proceso intratable. De los que acompañé en el curso evolutivo de su enfermedad, intentando paliar síntomas y sufrimiento, me queda el recuerdo de sus miradas supervivientes ante lo inevitable.

No he pretendido escribir un libro puramente divulgativo. Mi intención ha sido compartir con el lector la aventura intelectual que supone adentrarse en el estudio del cerebro y sus funciones. Entre la ciencia y la vida, disfrutando del conocimiento y la palabra, como si de una exposición del pintor más enigmático y reconocido se tratase, he ido recopilando los tesoros descubiertos por los investigadores y he procurado mostrarlos de forma clara y concisa con el objeto de que el lector, al finalizar el libro, sienta más cercano y comprensible ese gran desconocido que es su cerebro y comience a verlo como un órgano dependiente de los estímulos que recibe, moldeable en su desarrollo pero también en su envejecimiento, en definitiva, un instrumento en constante evolución individual y colectiva.

Desde que a principios del siglo XX Santiago Ramón y Cajal identificara la neurona como unidad celular del sistema nervioso, los descubrimientos sobre el funcionamiento de estas portentosas células no han dejado de sucederse. Preguntas que parecían imposibles de contestar, hoy forman parte de nuestro bagaje elemental de conocimiento. Más de 100.000 millones de neuronas interconectadas y agrupadas por equipos para producir funciones específicas. De la acción motora y las emociones al lenguaje, los sentidos, la memoria o el aprendizaje; hoy es posible afirmar que la mente humana y sus conductas más complejas han dejado de ser inaccesibles para la ciencia. Resta mucho camino por recorrer pero, en las últimas décadas, los avances científicos sobre los enigmas encerrados en nuestro cerebro están siendo espectaculares y acceder a ellos, además de asombrarnos y enriquecernos, sin duda contribuirá a ampliar la visión de nuestra propia realidad y la que nos rodea.

Dada mi condición de neuróloga clínica, a la hora de explicar una determinada función cerebral, así como cuando me refiero a las enfermedades y sus causas, el paciente es el eje central del libro. Pacientes que han supuesto una inestimable fuente de conocimiento y experiencia vital desde mis primeros años de estudiante, cuando día a día fui aprendiendo que para vencer la enfermedad la lucha comienza desde la prevención y detección precoz de los síntomas, continúa con el tratamiento adaptado a cada caso en particular y no se abandona ante lo irreversible. Por el contrario, es en esta instancia donde los especialistas cumplen un papel esencial en el avance de nuevos conocimientos que aporten luz a la investigación sobre las enfermedades y sus causas. Una lucha que se verá beneficiada si se establecen sólidos vínculos de confianza entre el médico y el paciente.

Al tratar de compaginar el rigor científico con una escritura accesible al público en general, he optado por dejar libre de citas bibliográficas el texto principal y las he incluido en un apartado final. Asimismo, el lector encontrará allí todas las lecturas consultadas y recomendadas, desde magníficos tratados de carácter docente sobre neurociencias y patología neurológica general a publicaciones especializadas y libros de divulgación, además de lecturas sobre el mundo del pensamiento, la antropología y otras disciplinas de contenido indispensable para comprender por qué hemos llegado a ser lo que somos. En pocas palabras, la historia de nuestro cerebro.

1. DE ARISTÓTELES A DARWIN

¿Quiénes somos? ¿Qué nos hace humanos? El potencial que encierra nuestro cerebro nos permite plantearnos estas preguntas y tratar de responderlas. La ciencia avanza a golpe de genio y paso de investigador metódico y tenaz. Gracias a todos ellos, en la actualidad se conocen aspectos relevantes de la naturaleza humana, si bien no es menos cierto que restan aún importantes enigmas por resolver, apasionantes sombras para nuestra imaginación. Porque además de almacenar información, rescatarla, analizarla y expresarla, el cerebro del llamado "hombre moderno" es capaz de imaginar.

¿Siempre ha sido así?

Hoy en día nos resulta obvio admitir que poseemos muchos rasgos en común con otros animales; y quizá con excesiva credulidad, frente a los gráficos simplificados de los libros de texto, reconocemos en los simios a unos parientes lejanos que tuvieron menos suerte en el camino hacia el desarrollo. ¿Y el mundo vegetal? Un mundo tan ajeno para muchos de nosotros a excepción de esos días –extraños días de ensoñaciones– en los que nos detenemos a respirar la naturaleza y sentimos en nuestro interior lo que nos ha sido contado a modo de susurro inconfesable: la historia de la evolución humana. Y Dios en nuestras mentes conscientes de sí mismas. Y las estrellas multiplicando el misterio.

Despertarse humano. Sensaciones y emociones bajo el atento control de la razón. ¿Qué razón? Razonamos siguiendo criterios establecidos como lógicos. ¿Desde cuándo? ¿Quién puso orden a nuestro pensamiento? Los grandes filósofos de la antigua Grecia sentaron las bases del saber occidental.

Sócrates, Platón, el dominio de lo racional frente a lo irracional, el orden y la lógica por encima del deseo y las pasiones. Atrás quedaba la enfermedad como influjo sobrenatural. La naturaleza humana y sus desórdenes podían llegar a descifrarse a través de la razón. *Sin experimentación no hay verdad; no hay efecto sin causa.* Aristóteles (384-322 a.C.), iniciador de casi todas las ciencias naturales y sociales, fue el primero en asignar una función a cada órgano del cuerpo humano. Al cerebro le adjudicó un papel menor: enfriar la sangre. Sostenía que una entidad inmaterial independiente del cuerpo era la responsable de las percepciones, las emociones, los pensamientos y de toda la conducta humana en general. El alma: su retirada del cuerpo conlleva la muerte, argumentaba el maestro con tal poder de convicción que su eco continúa circulando por nuestras vías neuronales.

Un alma o mente inmaterial. Pero ¿cómo interactúa con el cuerpo? Diseccionando cadáveres, el filósofo y matemático francés René Descartes (1596-1650) se fijó en una pequeña estructura del tamaño y forma de un guisante, estratégicamente situada en el interior del cerebro. Y la luz le deslumbró. *Pienso, luego existo.* Se imaginó el alma interconectada con el cuerpo a través de esta pequeña estructura llamada glándula pineal. Para Descartes, los animales eran simples máquinas, y muchas actividades del cuerpo humano, como el movimiento y la digestión, podían explicarse por principios puramente mecánicos; pero la mente, responsable de la conducta racional, aunque dependiera del cerebro, tanto para recibir información como para controlar el comportamiento, continuaba siendo un ente inmaterial separado del cuerpo. En la actualidad sabemos que la glándula pineal, productora de melatonina, únicamente interviene en el control de ciertos ritmos biológicos, y que personas que no disponen de ella presentan una conducta inteligente normal. De hecho, desde un principio se puso en duda esta propuesta de Descartes, y los esfuerzos se multiplicaron a fin de encontrar una explicación más convincente a la mágica relación entre la mente y el cuerpo.

Una de dos: o somos objetos materiales que piensan y tienen emociones, o hay algo inmaterial en nosotros que piensa y tiene emociones y se relaciona exclusivamente con el objeto material que es nuestro cuerpo. Las dos alternativas resultan incomprensibles; sin embargo, una de las dos ha de ser cierta. Con la clarividencia de los grandes pensadores, así resume el filósofo inglés John Locke (1632-1704) el gran enigma de la existencia.

Entre posibilidades inverosímiles, entre el cielo y el infierno, por mar, a bordo de un velero, un joven apasionado por las ciencias naturales mantuvo bien abiertos los ojos y encontró un sentido a la realidad que nos rodea: la teoría de la evolución.

Charles Darwin nace en Inglaterra en 1809. Siguiendo la tradición familiar, inicia la carrera de Medicina, que pronto decide abandonar. Su padre le propone como única alternativa su traslado a Cambridge con el objetivo de que estudie teología, una opción de futuro nada desdeñable teniendo en cuenta la elevada consideración social de los clérigos de la época. Casa, sirvientes y tiempo libre para su gran pasión: la naturaleza. Allí, a través de uno de sus profesores, le surge la gran oportunidad de su vida. Corrían tiempos de exploraciones y conquistas territoriales, mapas y rutas por descubrir. Un joven aunque experimentado capitán de la marina británica buscaba un naturista para su proyecto de expedición por América del Sur y las islas del Océano Pacífico.

El 27 de diciembre de 1831, el *Beagle*, un barco del imperio británico diseñado para la guerra pero convenientemente adaptado a los propósitos científicos de su capitán, iza las velas rumbo a la Tierra del Fuego. Mares y tempestades por horizonte. A bordo, una mente tan dotada para la ciencia como abierta a las respuestas escritas en la naturaleza.

Durante los años que duró el viaje, Darwin fue anotando sus observaciones sobre el mundo de las plantas y los animales. Conocía las ideas sugeridas por el francés Lamark sobre la evolución de las especies y su adaptación al entorno; de hecho, su propio abuelo, Erasmus Darwin, había sido un reconocido pensador evolucionista; pero por aquel entonces atreverse a cuestionar a Dios como creador universal alcanzaba el rango de herejía. El joven Darwin, por el momento, sólo observaba: la vegetación tropical, su geología, la selva brasileña, la pampa Argentina, Perú. Acumulaba material. Incalculable el valor de los tesoros recogidos en las islas Galápagos: pájaros con picos muy distintos, tortugas, plantas autóctonas. Al fin, llegó la hora de regresar a casa.

Habían pasado cinco años de mareos y tormentas, aventuras y dificultades, momentos de exaltación ante la naturaleza y horas de aburrimiento. Un enorme esfuerzo plasmado en vegetación, animales, huesos, fósiles, minerales. De regreso a Cambridge, comenzó para Darwin un trabajo de investigación que duró más de veinte años. Ordenar el material, identificar nuevas especies. No encontraba una explicación lógica a tanta diferencia de picos entre los pájaros de las islas Galápagos, cada pequeña isla con su propia especie. Lo razonable era pensar que un mismo grupo de aves se había ido adaptando a cada isla hasta convertirse en especies distintas; un proceso de trasformación guiado por la naturaleza. La idea no era nueva, pero las evidencias se mostraban aplastantes ante sus ojos.

Pensamiento tras pensamiento, año tras año, Darwin fue organizando sus razonamientos, que guardaba para sí; hasta que un buen día se enteró de que otro naturista inglés, Wallace, había llegado a idénticas conclusiones. Previamente Darwin había publicado diversos artículos sobre el viaje, pero el libro en el que había estado trabajando desde su regreso no vio la luz hasta 1859, casi veinte años después. Lleno de detalles demostrativos, *El origen de las especies* se colocó de inmediato en el ojo del huracán, la teoría de la evolución; una teoría que con el tiempo se ha ido imponiendo como una de las verdades fundamentales de la ciencia.

A pesar de la gran variedad de organismos vivos, tanto a Wallace como a Darwin les sorprendió la cantidad de características comunes entre tantas especies, y ambos llegaron a la conclusión de que los organismos vivos debían estar relacionados. El principio de Darwin de selección natural propone que los animales poseen rasgos en común porque los rasgos se transmiten de los padres a su descendencia, y que la gran variedad en el mundo biológico podría proceder de un ancestro común: cuando los descendientes de este organismo primigenio se esparcieron por diversos hábitats a lo largo de millones de años, desarrollaron formas de adaptación diferentes que los hicieron aptos para modos de vida específicos, pero al mismo tiempo retuvieron muchos rasgos similares que revelan el parentesco entre ellos. Fue en 1871 cuando Darwin publicó *El origen del hombre*, donde postula la teoría de que la evolución del hombre parte de un animal similar al mono.

Con respecto a las inevitables implicaciones teológicas de tan impactantes conclusiones, por su correspondencia sabemos de su pesar: «Estoy confundido, no tenía la intención de escribir irreligiosamente. El misterio del principio de todas las cosas es insoluble para nosotros, no pretendo en absoluto echar el menor rayo de luz sobre estos problemas abstractos, debo contentarme con ser, por mi cuenta, un agnóstico».

Relación entre la mente y el cuerpo. En la actualidad, la inmensa mayoría de científicos sostiene que la conducta racional puede explicarse en su totalidad por el funcionamiento del cerebro en conexión con el resto del sistema nervioso del organismo, sin necesidad de una mente inmaterial que la controle.

Charles Darwin, el padre de la biología moderna. Ni él mismo pudo imaginar hasta qué punto la ciencia apoyaría una y otra vez sus conclusiones; desde los estudios celulares a las revelaciones de la genética. Pero la historia del pensamiento no se detiene. Surgen voces críticas sobre lo que consideran una tendencia excesivamente dogmática del darwinismo. ¿Acaso basta el darwinismo para explicar toda la evolución? Expertos en biología del desarrollo tratando de ampliar la teoría evolutiva tradicional adaptándola a nuevos descubrimientos. Materia y espíritu. Mitos como puños. Investigar. Que la ciencia nunca deje de sorprendernos.

2. EVOLUCIÓN
HACIA EL PENSAMIENTO

A fin de reflexionar sobre la historia de la humanidad nos tenemos que remontar al origen de la Tierra hace 4.500 millones de años. La vida se hizo esperar. Fue preciso que pasaran 1.000 millones de años para que aparecieran los primeros organismos vivos, seres unicelulares tipo bacterias que permanecieron durante mucho tiempo como únicos habitantes del planeta, hasta que comenzaron a evolucionar y desarrollaron formas de vida más compleja: los protozoos, las plantas y los hongos. Vida sin vida animal, así puede resumirse la etapa más larga de la evolución.

2.800 millones de años después de la irrupción de los organismos unicelulares en la Tierra, hace unos 700 millones, surgieron las primeras células nerviosas. Con un tejido nervioso extremadamente sencillo, las medusas y la aménoras marinas fueron los primeros animales del planeta. Progresivamente, este tejido fue haciéndose más complejo: un tronco nervioso segmentado, en los platelmintos; un conjunto de neuronas o ganglios que comenzaba a semejarse a una estructura cerebral, en los moluscos, almejas, caracoles y pulpos. Y por fin, el cerebro. Hace 250 millones de años se desarrolló el primer cerebro en unos animales del tipo de los cordados: especies con médula espinal y encéfalo; de las más primitivas a peces, anfibios, reptiles, aves y mamíferos. Habían sido necesarios 450 millones de años para que las primeras células nerviosas evolucionaran y se organizasen en forma de lo que llamamos cerebro. Comenzaba un largo camino hacia el pensamiento; lentos y enrevesados pasos teniendo en cuenta que un cerebro parecido al humano no se desarrolló hasta hace unos tres o cuatro millones de años, y sólo desde hace 150.000 años existen nuestros cerebros humanos modernos. Un breve período de tiempo considerando los inicios de la evolución.

Desde la aparición del primer organismo vivo, la variedad de vida en la Tierra ha sido enorme. Han evolucionado un sinfín de especies; muchas se han extinguido. En la actualidad, se estima que habitan el planeta de 30 a 100 millones de especies; un millón identificadas dentro del reino animal. Por definición, una especie es un grupo de organismos que pueden reproducirse entre ellos pero no con miembros de otra especie. Un concepto clave en la evolución humana es que si una parte de la población de una especie llega a quedar aislada en cuanto a la reproducción, dicho subgrupo puede evolucionar con el tiempo hacia una nueva especie diferente de la especie a partir de la cual se originó. Pero... ¿evolucionar es progresar? No necesariamente, resaltan los especialistas de un campo tan apasionante como misterioso. Hoy sabemos que la evolución de los organismos vivos se fundamenta en una improvisación constante. La naturaleza no está sometida a un proceso de optimización permanente. Ensaya y descarta; prueba nuevas posibilidades. Si la prueba funciona, se mantiene durante un cierto tiempo; pero cuando las condiciones del entorno cambian, las especies se transforman en otras o bien se extinguen. Conclusión: el hombre contemporáneo no es el resultado de ninguna meta preconcebida, la imagen de la escalera es tan esquemática como inexacta. Entender la evolución como adaptación al medio más que como progreso nos ayudará a comprendernos mejor a nosostros mismos y al mundo que nos rodea.

Una historia de supervivencia

Homo sapiens, así nos denominamos por tener un sistema cultural complejo. Somos la única especie superviviente del *género homo* caracterizada por el lenguaje. Pertenecemos a la *familia de los homínidos*, que incluye una serie de miembros vivos, entre otros los chimpancés, con los que compartimos la facultad más o menos desarrollada de caminar erguidos y utilizar utensilios. Los *homínidos* son una de las muchas familias del *orden de los primates* cuyo rasgo común es el control visual de las manos. Incluidos dentro del *reino animal*, los humanos somos una de las 275 especies diferenciadas de primates. Chimpancés, gorilas, orangutanes, en este orden de parentesco.

Primates supervivientes; unos continúan comiendo plátanos, otros elaboran sofisticadas recetas culinarias. ¿Qué factores han determinado una evolución tan diferenciada entre miembros de la misma familia? *Homo sapiens*: la única especie superviviente del *género homo*. ¿Qué ocurrió para que se extinguieran todas las especies de ese género menos la nuestra? Mentes iniciadas en el lenguaje; mentes que enterraban a sus muertos; desaparecidas. ¿Qué les ocurrió realmente? Aunque en las últimas décadas ha habido espectaculares avances en los conocimientos científicos acerca del origen y la evolución del ser humano, debemos tener presente que existen todavía muchos datos basados en suposiciones. Las teorías actuales sobre la evolución se fundamentan en evidencias contrastadas y reconocidas por especialistas en el campo de la paleontología que se enfrentan a los inconvenientes que plantea el trabajar con especies extinguidas. Su principal fuente de información son los fósiles, es decir, restos de organismos vivos, animales o plantas, conservados en los sedimentos de la corteza terrestre al haber sufrido un proceso específico de mineralización. Cuando un ser vivo muere tiende a desintegrarse

19

y la posibilidad de que se convierta en fósil es muy remota, pues son muchas las condiciones favorables que deben coincidir para que ello ocurra: recubrimiento rápido por los sedimentos terrestres, características físicas y químicas adecuadas del entorno... Unas veces gracias al azar, otras después de infatigables trabajos de búsqueda, en todos los casos el descubrimiento de un fósil es un hecho histórico, el único testimonio directo de la existencia de nuestros antepasados. Un diente, restos de mandíbula, de pelvis, un dedo, el fémur, algún hueso del cráneo; cualquier parte del esqueleto puede resultar una joya en manos de un investigador experto. Por métodos cada vez más precisos es posible averiguar su datación o antigüedad. A través de restos de cráneo se puede calcular el volumen del cerebro; por las características de la mandíbula y los dientes conoceremos cómo se alimentaba; la forma de la pelvis nos dirá cómo caminaba, si lo hacía erguido, torpemente o con elegancia. Todo un libro por descifrar; nuestra historia. Páginas y páginas para describir los más de 3.000 homínidos descubiertos que se han agrupado en unas 20 especies, algunas de las cuales hoy sabemos que vivieron al mismo tiempo. Hemos empezado a comprender los pasos que recorrió la humanidad en su desarrollo y el porqué de éstos; una historia inacabada y abierta a nuevos descubrimientos, una historia que semeja un cuento. ¿Quién teme al lobo feroz?

La cuna de la humanidad está en África. Ya lo dijo Darwin: si queremos encontrar a nuestros antepasados, hay que viajar a África. No existe otro lugar en el mundo con unos primates más parecidos al hombre que los chimpancés africanos. La antigüedad de los fósiles de homínidos encontrados hasta ahora avala dicha hipótesis: fuera de África, tienen menos de dos millones de años; en el continente africano se han encontrado restos de homínidos de hasta seis millones de años.

De las frondosas selvas africanas a la sequedad de la sabana. Los cambios climáticos han sido el acelerador de la evolución.

Adaptados a la vida en los árboles, unos primates con largos brazos y dedos prensiles se ven obligados a abandonar los ramajes y recorrer las praderas en busca de alimentos. Largas caminatas bajo el Sol. Sobreviven los que mejor se adaptan al nuevo medio. La transición a la posición erecta supuso un gran número de modificaciones anatómicas: la pelvis, la columna vertebral, el fémur, la articulación de la rodilla, estructuras óseas que se fueron transformando. Se desarrollaron nuevos músculos para sostener la cabeza, entre otras muchas modificaciones. Conviene aclarar la complejidad del proceso: por mucho que nos empeñemos en andar a gatas, nuestra pelvis no cambiará, lo que ocurre es que con el tiempo sobrevivirán los mejor dotados para dicha posición y trasmitirán a sus descendientes sus características óseas. Un proceso de supervivencia transmitido de generación en generación.

Hace unos seis millones de años los primeros homínidos comenzaron a caminar erguidos. Con la posición bípeda, las manos quedaron liberadas. Tuvieron que pasar más de tres millones de años antes de que aprendieran a utilizarlas con fines programados en relación con un acto no inmediato. Ser carnívoros pudo ser determinante. ¿Las proteínas de la carne aportaron la energía necesaria para el crecimiento del cerebro de los primeros homínidos? Cazar o buscar animales muertos organizándose en manadas. Vigila tú mientras yo recojo el alimento. ¡Qué gran ejercicio para el cerebro!

Los primeros humanos: *homo habilis*. Hace unos 2,7 millones de años, un ser bípedo rompió definitivamente con su naturaleza primate y empezó a realizar tallas en las piedras para poder comer la carne de animales muertos o cazados. Confeccionar utensilios de piedra; reflexión y planificación. Anticiparse. Al acceder a nuevos y variados recursos de alimentación, superaron las limitaciones de la biología y empezaron a diferenciarse considerablemente de los demás primates que no adquirieron ese hábito. El proceso de humanización era ya imparable.

El fuego fue una adquisición más tardía; se conoce su uso desde hace 450.000 años. Permite el cuidado de las crías, aporta calor y energía para cocinar. Aparece el hogar. Dinamiza las comunidades, y en este proceso es posible que se desarrolle el lenguaje, una de las mayores adquisiciones de nuestro género. Nos adentramos en el mundo simbólico. Aparecen formas primitivas de ritual funerario. De los grabados encontrados en Bilzingsleben, Alemania, con una antigüedad de 450.000 años, a las pinturas de Altamira en el Norte de España, de hace sólo 14.000 años. El arte del hombre de las cavernas; pinturas que nos acercan a los primeros pasos de nuestro cerebro creativo. La belleza de las formas, capacidad contemplativa.

El eslabón perdido

La interpretación popular de la evolución humana es que somos descendientes de los simios o monos, pero en realidad, aunque estemos relacionados con ellos, los simios no son nuestros ancestros. Somos descendientes de antepasados comunes, un ancestro o antepasado compartido con el linaje de los simios: el eslabón perdido.

Hasta 1856 se ignoraba que el planeta había estado poblado en otros tiempos por hombres primitivos. El descubrimiento de los primeros fósiles en Neanderthal (Alemania) causó gran revuelo. A partir del momento en que se aceptó la posibilidad de que fueran antepasados nuestros, comenzó la búsqueda del eslabón perdido. Al *hombre de Neanderthal* se sumaron los descubrimientos de otras muchas especies, el *hombre de Java*, *el hombre de Pekín*, los primeros homínidos africanos, el descubrimiento de numerosos restos de *homo sapiens* en África, Europa, Asia, América. Tantas y tantas formas intermedias entre los simios y los humanos; incontables pruebas sobre nuestros orígenes compartidos. Restos fosilizados que evidencian el camino de la humanidad durante los últimos millones de años en su evolución desde un ancestro común con el linaje de los chimpancés, hasta llegar al hombre contemporáneo, pasando por un número no demasiado grande de especies intermedias. A pesar de tanta evidencia, aún no está claro quién fue el primer homínido. Algunos autores incluso dudan de que, por definición, pueda llegar a identificarse; consideran que sería imposible distinguirlo del último antepasado común de homínido y chimpancé.

Los primeros humanos cuya población se extendió fuera de África y emigraron a Europa y Asia fueron de la especie del *homo erectus*. Aparecen por primera vez hace unos 1,6 millones de años y perduraron hasta hace unos 100.000 años. El *homo erectus* ocupa una posición fundamental en nuestra historia evolutiva. Su encéfalo es ya parecido al tamaño de los cerebros de los humanos de nuestros días.

Los humanos modernos, *homo sapiens*, aparecieron en Asia y al Norte de África hace unos 200.000 años, y en Europa hace unos 40.000. La mayoría de los antropólogos cree que emigraron desde África. Hasta hace unos 60.000 años coexistieron con otras especies de homínidos en África, Europa y Asia. Se desconoce cómo el *homo sapiens* reemplazó completamente a otras especies humanas como los *neanderthales* de mayor tamaño cerebral y cultura similar. Del exterminio masivo a la extinción natural; ninguna explicación se considera definitiva. El interrogante sigue abierto para futuros descubrimientos.

Más y más cerebro

A la hora de analizar el cerebro de nuestros antepasados desaparecidos únicamente disponemos de moldes fosilizados de la cavidad craneana. Las paredes internas del cráneo reproducen la morfología general de la superficie cerebral, y, aunque no lo hace con el suficiente detalle, todo apunta a que los lóbulos frontales han ido aumentando de tamaño tanto en términos absolutos como en proporción al resto del cerebro, y que su superficie se ha ido haciendo cada vez más compleja con un aumento del número de surcos. La evolución desde los primeros homínidos hasta la época en que existieron humanos como nosotros supuso unos cinco millones de años. Durante todo ese tiempo el tamaño cerebral aumentó cerca del triple.

A lo largo de los años han surgido diversas teorías que intentan explicar cómo ha sido posible que se desarrollase un cerebro más grande a medida que nuestra especie iba evolucionando: desde la dieta de los chimpancés, rica en azúcares aportados por la fruta –y la mayor dificultad para conseguirla si se compara con los vegetales que ingieren otros primates–, a las proteínas de la carne y el ingenio necesario para cazarla y cortarla; nutrientes de alta calidad (en el sentido de fácil asimilación y gran poder energético), lo que pudo permitir la reducción del tubo digestivo con respecto a los primates y con ello el aumento del cerebro (Aiello y Wheeler, 1995), entre otras teorías, como el retraso en la maduración humana (McKinney, 1998).

Explicaciones al margen, el caso incuestionable es que nuestro cerebro ha progresado mucho más que el de otros animales, especialmente en el desarrollo de las conductas que se aprenden y se transmiten de generación en generación mediante educación y aprendizaje. La lectura y la escritura aparecen hace sólo unos 6.000 años. Las fórmulas matemáticas son un invento reciente. Una característica de nuestro cerebro es que encierra un potencial desconocido que nos permite logros y conocimientos que ni siquiera nos atrevíamos a soñar. Un órgano que estamos empezando a conocer.

3. LAS NEURONAS DE CAJAL

Cierre los ojos. Separe el brazo del cuerpo y con el dedo índice tóquese la punta de la nariz. De punta a punta. Si su sistema nervioso funciona correctamente y no está bajo el efecto de determinados tóxicos como el alcohol, la maniobra le resultará muy sencilla de realizar; y sin embargo, para el cerebro representa la intervención de un complejo sistema de vías y zonas interconectadas entre sí a través de distintos mecanismos y señales. «Algo más complicado que lanzar un cohete a la luna.» Tan contento se quedó el maestro con su original lección. Y la residente de primer año le miró embobada mientras sentía un cierto alivio al ver retrasado el estudio de una función tan compleja.

El abordaje del cerebro debe hacerse desde los conocimientos más básicos, con paciencia y confianza, disfrutando de los pasos intermedios y valorando los pequeños detalles de funcionamiento como grandes descubrimientos por medio de los cuales, al final, estaremos en disposición de entender procesos tan dispares como el movimiento y su coordinación, el lenguaje y el pensamiento o la memoria, entre otras muchas funciones cerebrales. Un objetivo prioritario centrará nuestra atención: combatir las enfermedades del sistema nervioso, prevenirlas o tratarlas hasta su curación; un reto que se vislumbra en el horizonte de la medicina del siglo XXI.

La unidad de la red

Dicen que el ilustre investigador español Santiago Ramón y Cajal (1852-1934) había heredado el carácter recio y tenaz de su padre y la paciencia de su madre. Aun así, resulta asombroso contrastar el abismo existente entre su enorme contribución al estudio del sistema nervioso y la miopía hacia la investigación de la sociedad en la que estaba inmerso. Su dedicación al campo de la histología llevó su ingenio a una tarea sin descanso en busca de respuestas a los interrogantes escondidos entre la enrevesada telaraña que configura el cerebro.

Si cortamos una lámina de tejido cerebral, la teñimos con las sustancias químicas adecuadas y la visualizamos en el microscopio, obtendremos una imagen que se asemeja a una red de fibras interconectadas, como sugería el italiano Golgi. A Santiago Ramón y Cajal se le ocurrió estudiar el tejido nervioso de embriones de pollo al suponer que serían más sencillos, y por tanto más fáciles de entender. Y acertó de pleno. De este modo pudo identificar la neurona: la varita mágica del cerebro, la unidad celular del tejido nervioso que nos permite recibir información, procesarla y actuar. Con el descubrimiento de la neurona, Cajal comparte con Golgi, en 1906, el premio Nobel de Medicina y abre el camino hacia el conocimiento de la mente y sus funciones.

Como otros órganos del cuerpo, el cerebro está compuesto por unidades celulares que se repiten; más de 100.000 millones de neuronas interconectadas y agrupadas por equipos para producir funciones específicas. Neuronas que no se mantienen con una estructura fija, sino que a medida que almacenan nuevas experiencias van modificándose, creciendo, menguando, cambiando de forma. La mayoría de ellas van a perdurar a lo largo de nuestra vida; una suerte considerando que tienen mucha menos capacidad para regenerarse que otras células del organismo. Plasticidad y capacidad regenerativa: conceptos relanzados en los últimos años cuyas posibilidades y límites se encuentran en plena investigación y debate.

Cada neurona consta de tres partes básicas: el *cuerpo*, las *dendritas* y el *axón*. El cuerpo y las dendritas son la estrella situada en la punta de la varita mágica y el palo es el axón (raíz). Del cuerpo salen unas prolongaciones: las dendritas (ramas). Cada neurona suele tener de 1 a 20 dendritas, y cada dendrita tiene muchas espinas, en ocasiones miles, un auténtico matorral. A través de estas ramas o dendritas, la célula nerviosa recoge gran cantidad de información; el cuerpo la integra, y el axón envía a otras neuronas un mensaje promediado o resumido.

El sistema nervioso contiene varios tipos de neuronas diferentes en cuanto a forma y tamaño, dependiendo del trabajo que realizan. Unas parecen simples y otras muy complejas. Se clasifican según sus tres funciones principales: neuronas sensoriales, neuronas motoras y células de asociación. Por su estructura sabremos cuál es la función básica de cada una de ellas. Además, el sistema nervioso está compuesto por células gliales ("*pegamento*") que superan en diez veces el número de neuronas y le sirven de soporte para mantenerse unidas.

El interior de la bombilla

El filósofo Fernando Savater utiliza el ejemplo de la luz y la bombilla al explicar de modo didáctico el misterio de la existencia. La luz no se encuentra dentro de la bombilla aunque esté producida por ella. De modo similar, en el interior de la neurona se genera la luz: la conciencia. ¿Dónde está el interruptor? ¿Cómo se mantiene encendida? De momento, los avances de la biología celular moderna nos han abierto las puertas hacia el interior de estas células portentosas llamadas neuronas. Conocerlas con detalle es indispensable si queremos llegar a entender el funcionamiento de nuestro cerebro. La mente y sus conductas más complejas como parte de un proceso gestado en el interior de la bombilla.

Si estudiamos en el microscopio electrónico una neurona, observaremos que está recubierta por una envoltura o membrana celular, y que en su interior hay varios compartimentos. Dentro del cuerpo encontramos el núcleo celular; es aquí donde se localizan los cromosomas: toda la información genética heredada de nuestros padres. Una célula contiene 23 pares de cromosomas, 23 heredados del padre y 23 de la madre. Formado por una estructura química de doble hélice o doble cadena de ADN (ácido desoxirribonucleico), cada cromosoma está constituido por miles de genes. Un gen es simplemente un segmento de este ADN que codifica la síntesis o producción de una proteína en particular. Dentro de cada neurona puede haber hasta 10.000 moléculas proteicas fabricadas por ella misma; unas están destinadas a incorporarse a la estructura de la propia neurona, otras permanecerán en el fluido intracelular donde actuarán como enzimas facilitando muchas de las reacciones químicas de la célula, y un tercer tipo de proteínas serán excretadas por la neurona como hormonas o moléculas mensajeras. Gran parte de las características y funciones de la neurona estarán determinadas por sus proteínas, si bien no todas son exclusivas de ellas, pues muchas están presentes en otras células del organismo.

Las proteínas están constituidas por cadenas de aminoácidos. Cada gen es responsable de la síntesis de una proteína en particular. Miles de proteínas produciéndose sin parar; el milagro que nos mantiene vivos y sanos parece infalible hasta que alguna pieza falla. Un determinado gen sintetizando una proteína anómala puede ser el detonador de una enfermedad irreversible. Conocer los mecanismos implicados en la producción de proteínas ha supuesto un avance que ha abierto enormes expectativas de futuro a la investigación médica en general.

Células excitables

El flujo de electrones desde un cuerpo con más carga o mayor número de electrones (polo negativo) a otro con menos carga (polo positivo) es lo que llamamos electricidad. ¿Electrones? ¿Dónde se encuentran?

Las moléculas o partes elementales de una proteína y otras sustancias químicas están compuestas por átomos, que son la parte más pequeña de un elemento que conserva la propiedad de dicho elemento. Por ejemplo, una molécula de agua (H_2O) está formada por dos átomos de hidrógeno y uno de oxígeno. Un átomo posee un núcleo que contiene neutrones y protones y está rodeado de una órbita de electrones. Alrededor del núcleo de cada átomo: aquí se encuentran los electrones. Si un átomo pierde o gana un electrón, hablamos de iones positivos o negativos.

Una de las principales características de las neuronas es que son células excitables, es decir, son capaces de experimentar cambios rápidos en el potencial eléctrico generado entre los dos fluidos que separan su membrana celular: el líquido extracelular –que está entre la neurona y la célula glial que la envuelve– y el líquido intracelular. La membrana celular regula el paso de sustancias mediante unas proteínas específicas que actúan como puertas y sistemas de transporte; son los canales y las bombas de iones indispensables para el funcionamiento y la comunicación celular. Diversos tipos de iones componen ambos fluidos: sodio (Na^+) y potasio (K^+), que son cationes o iones cargados positivamente, y cloro (Cl^-) y los grandes aniones proteicos (A^-) con carga negativa. La excitabilidad o actividad eléctrica de la neurona se debe al flujo de iones entre estos dos espacios. La clave está en que la concentración de sustancias en el exterior y el interior de la célula se mantenga diferente. Si en un recipiente se permite moverse libremente a los iones, las cargas positivas y negativas se equilibrarán y no existirá diferencia de voltaje. En las neuronas, su membrana celular impide que esto ocurra, pues actúa de semibarrera evitando que los iones se muevan con libertad entre los líquidos intra- y extracelular.

Sin estimular, el axón de la neurona mantiene una diferencia de carga eléctrica de unos -70 milivoltios entre ambos lados de su membrana; es el potencial de reposo. Ello se debe a que en el interior se mantienen los aniones negativos proteicos (A⁻) elaborados por la propia neurona y que no pueden traspasar la membrana al no haber canales para ellos (también hay iones K^+, pero la barrera no va a permitir que pasen al interior en número suficiente como para igualar la carga negativa de los aniones proteicos). En el exterior habrá predominio de iones de Cl⁻ y Na^+ debido a que los canales de sodio habitualmente están cerrados e impiden que éstos entren en la neurona. Esta distribución desigual de iones deja el líquido intracelular de las neuronas con una carga negativa, creándose de este modo un potencial de reposo que es un auténtico almacén de energía.

Si se estimula el axón, por ejemplo con un microelectrodo, la distribución de iones variará debido a que la estimulación eléctrica influirá sobre los canales de la membrana. Al abrirse los canales de sodio, entrarán en la célula iones Na+, con la consiguiente disminución de la carga eléctrica de la neurona, produciéndose una despolarización. Si entra Cl- o sale K+, el interior de la neurona se hiperpolariza, es decir, se hace más negativo.

Cuando se invierte el voltaje de ambos lados, es decir, el lado intracelular se hace positivo y el lado extracelular negativo, se produce un potencial de acción. Potencial de acción –o cambio de polaridad entre los dos fluidos– breve (de un milisegundo) pero determinante para la comunicación entre neuronas.

Impulso nervioso

El impulso nervioso es la propagación de un potencial de acción por la membrana del axón. Se produce porque cada potencial de acción propaga otro potencial de acción en una parte contigua de la membrana. La apertura de un canal desencadena que se abra el siguiente, y así sucesivamente. Un potencial de acción o se genera del todo o no se genera, y el tamaño de impulso nervioso se mantiene constante. Cuanto mayor es el calibre de un axón, mayor es su velocidad de conducción. Los axones de los mamíferos son finísimos. Los de mayor tamaño tienen una anchura máxima de 30 micras que en principio no deberían poder transmitir impulsos a una velocidad especialmente rápida. A pesar de ello, nuestro cerebro es capaz de procesar información y generar respuestas con llamativa rapidez. ¿Cómo lo consigue con unos axones tan finos? La naturaleza encontró una brillante solución: las células oligodendrogliales en el encéfalo y las células de Schwann en los nervios periféricos recubren los axones formando unas vainas de mielina que aíslan el axón, salvo en unas pequeñas regiones llamadas nódulos de Ranvier. A través de estas zonas libres de mielina se transmite el impulso nervioso; saltando de nódulo a nódulo, así se consigue acelerar la velocidad de nuestras reacciones.

Estímulos y respuesta

Una neurona puede tener más de 50.000 conexiones con otras neuronas. Desde las espinas de las dendritas, llegan al cuerpo de la neurona receptora todo tipo de señales de entradas o *inputs*. Un auténtico bombardeo de impulsos nerviosos. ¿Cómo se integra la información? ¿Cuál será la reacción final de la neurona receptora? John Eccles, estudiando las fibras sensitivas que penetran en la médula espinal, observó que la estimulación de diferentes fibras provocaba dos tipos de respuesta: excitación (despolarización) o inhibición (hiperpolarización), si bien ninguno de los potenciales generados llegaba al umbral necesario para provocar un potencial de acción. Unos se acercaban y otros se alejaban. Ello es debido a que el cuerpo celular de la mayoría de neuronas no contiene canales sensibles al voltaje, y la estimulación eléctrica debe alcanzar el inicio del axón o cono (zona muy rica en estos canales). Lo que sucede es lo siguiente: todos los estímulos o *inputs* que ocurren próximos en espacio y tiempo (ya sean excitatorios o inhibitorios) se van a sumar, y la respuesta se da en el cono del axón. Cada neurona puede recibir miles de señales de excitación o de inhibición por segundo; los *inputs* se suman y la neurona es incitada a la acción sólo si sus *inputs* excitatorios sobrepasan a los inhibitorios. Las neuronas o bien se excitan (se encienden) o bien se inhiben (se apagan). O sí o no: el lenguaje de las neuronas.

Comunicación entre neuronas

Las neuronas de algunos animales están tan unidas entre sí, que el impulso nervioso llega a la terminal de un axón y se transmite a la neurona contigua, donde se genera un nuevo potencial de acción sin necesidad de mecanismos intermedios. No va a ocurrir lo mismo en la mayoría de mamíferos; el diminuto espacio que existe entre la unión de una neurona emisora y otra receptora lo va a impedir. En estos casos, el potencial de acción no puede saltar directamente de una neurona a otra, siendo necesario algún otro mecanismo que actúe de mediador y que, a su vez, permita una comunicación más flexible que la obtenida con las sencillas pero rígidas uniones entre neuronas puramente eléctricas.

Reaccionamos de mil maneras diferentes ante estímulos parecidos. Ahora te beso; ahora no. ¿Quién nos entiende? Nuestro cerebro. Para ello dispone de un sistema tan complicado como versátil: las sinapsis químicas, una manera de enviarse mensajes algo más lenta que la comunicación eléctrica pero muy superior en cuanto a posibilidades. Sinapsis o zonas de unión entre neuronas. Sinapsis eléctricas, sinapsis químicas. Mientras que las sinapsis eléctricas sirven para transmitir sencillas señales despolarizadoras, las sinapsis que utilizan transmisores químicos van a mediar tanto en acciones excitatorias como inhibitorias; poseen la capacidad de amplificar las señales y, lo que es de gran trascendencia, tienen plasticidad, es decir, potencialmente pueden generar cambios duraderos en su estructura. Sentimos, aprendemos, recordamos. Las sinapsis o zonas de unión entre dos neuronas son un lugar clave dentro del complejo mapa de nuestro sistema nervioso, pues todo parece indicar que es aquí donde se encierra gran parte de los secretos que explican procesos tan determinantes para la conducta como la capacidad de aprendizaje y la memoria. Exploremos el interior de las sinapsis y estaremos más cerca de entender qué nos ocurre en estados de ánimo tan dispares como el enamoramiento o la depresión, y descubriremos las bases sobre las que se asientan muchos de los tratamientos actuales para combatir las enfermedades del sistema nervioso.

Sinapsis química

Aunque el modelo de unión más típico sea el del axón a la dendrita, una neurona se puede enlazar con otra en prácticamente toda su superficie. Si consideramos el hecho de que por término medio una neurona establece unas 1.000 conexiones sinápticas, y aun recibe más (quizás unas 10.000), comprenderemos el porqué de esta diversidad de zonas comunicables. Órdenes y contraórdenes; un inmenso número de conexiones regidas por dos mecanismos básicos de transmisión: eléctrico y químico.

Cada sinapsis incluye tres partes principales: la terminal de un axón, la punta de la dendrita vecina y el espacio que separa estas dos estructuras llamado *hendidura sináptica*. Si observamos en el microscopio electrónico una sinapsis química típica, en el interior de la zona terminal del axón distinguiremos unos gránulos redondos: son las vesículas sinápticas que contienen el neurotransmisor químico. Cuando el potencial de acción generado en la neurona alcanza la membrana de la zona terminal de su axón –o membrana presináptica–, las variaciones de voltaje ponen en marcha la liberación de los neurotransmisores del interior de las vesículas. El neurotransmisor, una vez difundido, se va a unir a los receptores o moléculas proteicas incrustadas en la membrana postsináptica de la neurona receptora, la cual se verá afectada de diferentes maneras dependiendo del tipo de neurotransmisor y de la clase de receptor.

Neurotransmisores

En 1921, con el descubrimiento de la existencia de unas sustancias químicas que –bien excitando, bien inhibiendo– controlaban la frecuencia con que latía el corazón de la rana, Otto Loewi abrió la puerta a una de las grandes revoluciones científicas del siglo XX: los neurotransmisores. En la actualidad se conocen unas 50 sustancias químicas que actúan como neurotransmisores en el cerebro humano, y se cree que puede haber más de 100 sin que nadie se atreva a poner un tope a este número.

Cuando hablamos de un neurotransmisor nos referimos a una sustancia química que ejerce de mensajera entre una neurona y otra actuando sobre el voltaje de la membrana postsináptica, pero también nos referimos a moléculas que inducen otros efectos, como modificar la estructura de la sinapsis. En el interior de cada neurona encontramos miles de sustancias químicas, ¿cuáles actúan como neurotransmisores? Un enigma difícil de descifrar teniendo en cuenta que cada neurona de nuestro cerebro establece cientos o miles de sinapsis con otras neuronas, y que en cada terminal del axón pueden coexistir diferentes tipos de neurotransmisores cuya acción vendrá en gran parte determinada por el modelo de receptor al cual se una. Pero la historia demuestra que no existen barreras de conocimiento insalvables. Con paciencia y tenacidad, el avance de la ciencia es tan real como apasionante.

La acetilcolina fue la primera sustancia química identificada como neurotransmisor. Todos los axones de las neuronas motoras que salen de la médula espinal contienen esta sustancia. El axón principal dirigido al músculo libera acetilcolina, sustancia que se incluye dentro de los neurotransmisores de molécula pequeña. Los neuropéptidos y los gases transmisores completan la clasificación.

Los neurotransmisores de molécula pequeña se sintetizan en la terminal del axón. Sus componentes principales proceden de los alimentos que ingerimos, por lo que su nivel y actividad en el organismo están influidos por la dieta. Un dato de enorme trascendencia, equivalente a afirmar que es posible interferir sobre la actividad del sistema nervioso a través de fármacos especialmente diseñados para actuar como neurotransmisores o sus precursores.

Aparte de la acetilcolina, dentro de los neurotransmisores de molécula pequeña se incluyen cuatro aminas (dopamina, noradrenalina, adrenalina, serotonina) y un grupo de aminoácidos entre los que se encuentran el glutamato y el GABA. Otro tipo de neurotransmisor son los péptidos neuroactivos, que no dependen de la dieta puesto que son elaborados por la propia neurona a partir de las instrucciones contenidas en el ADN del núcleo. El estudio de los péptidos es particularmente importante debido a que algunos de ellos están implicados en la modulación de las emociones. Por ejemplo, los péptidos opiáceos, como las endorfinas o morfina endógena, participan en la regulación del placer y el dolor.

En cada terminal del axón pueden coexistir varios neurotransmisores, aunque por lo general uno de ellos será el dominante. En líneas generales, y simplificando quizá en exceso, nuestro cerebro se organiza mediante sistemas de neuronas que disponen de un mismo neurotransmisor principal y que actúan conjuntamente y a distancia; neuronas del mismo sistema y función localizadas en diferentes áreas del cerebro. Cuatro son los sistemas activadores conocidos: *colinérgico*, *dopaminérgico*, *noradrenérgico* y *serotoninérgico*.

En el cerebro de las personas con pérdida de memoria por presentar una demencia degenerativa tipo enfermedad de Alzheimer se ha observado que hay una pérdida de neuronas colinérgicas. En la enfermedad de Parkinson veremos que falla el sistema dopaminérgico. La depresión y sus síntomas se relacionan con la serotonina y con la noradrenalina. Una posible explicación a la esquizofrenia es la hiperactividad del sistema dopaminérgico. Nos enamoramos; un estado emocional en el que participan varios neurotransmisores. La química del amor. Romántico baile de sinapsis.

4. EN LA SALA DE AUTOPSIAS

Comenzar la casa por el tejado: práctica muy frecuente entre los médicos residentes en formación. Saturados de estudios básicos, los recién licenciados inician el camino hacia lo que será su especialidad deseosos de palpar la vida desde la posición del médico experimentado contando con la bata blanca y el fonendoscopio al cuello como principales apoyos. Por el oftalmoscopio y un pequeño martillo se distingue al neurólogo. Pronto se aprende a manejarse por el hospital sin agobiar con dudas y preguntas al residente mayor o al médico adjunto que andan enfrascados en sus propios asuntos. Entre casos clínicos y lecturas especializadas en inglés entendidas a fuerza de empeño y cierta dosis de inventiva, transcurren los primeros meses de formación. Y un día, un día de tantos días entre pacientes, pasillos, batas y tímidas sonrisas, llega el inevitable encuentro con la profesión escogida. Un día se baja a la sala de autopsias.

Un paciente ingresado en nuestra planta de neurología había fallecido de modo inesperado y era preciso practicarle una autopsia. Ese día me encontraba de guardia y disponía de tiempo para presenciar el estudio anatómico. Recuerdo la fuerte impresión que me causó ver sobre la mesa de operaciones el cadáver del joven al que pocas horas antes había estado explicando el resultado negativo de las pruebas realizadas hasta ese momento para tratar de diagnosticar su cuadro de fiebre y dolor de cabeza. Enfrentarse a la sierra es una experiencia realmente impactante. Una vez abierto el cráneo sale a la luz la parte superior del cerebro, un cerebro perfectamente amoldado a la cavidad craneal y recubierto por unas finas capas de aspecto transparente, conocidas como *meninges*, entre las que circula el líquido cefalorraquídeo, líquido que amortigua golpes y aporta al cerebro la posibilidad de expandirse ligeramente sin presionar en exceso contra la férrea estructura ósea que forman los huesos del cráneo.

La extracción del cerebro requiere tiempo y destreza. El patólogo trabajaba concentrado mientras yo observaba en silencio.

«Las meninges están engrosadas y excesivamente adheridas. No se aprecia ninguna alteración en los vasos sanguíneos de la superficie», comentó sin levantar la vista. «Ya está», dijo entregándomelo con solemnidad.

1.700 gramos de ilusiones juveniles entre mis manos.

Primera lección. Sin las conexiones que lo relacionan con el mundo y le permiten recibir y enviar señales al resto del cuerpo, ese dios llamado cerebro no es más que una masa gris parduzca, de consistencia como la mantequilla fría, que semeja una nuez del tamaño de un coco. Su superficie externa está repleta de surcos, entre los que sobresalen las circunvoluciones o prominencias de tejido nervioso, cada una con su nombre. Más de un siglo explorando la anatomía de nuestro cerebro ha motivado denominaciones a veces por duplicado de las cientos de estructuras diferenciadas que se han ido identificando. Excepto pequeñas variaciones, todos compartimos los mismos surcos; los de más profundidad corresponden a las principales cisuras. Una característica de nuestro cerebro es que nace arrugado. Así se las ingenió para evolucionar y desarrollarse sin ocupar más espacio; plegándose, fue aumentando el volumen de su capa externa: el córtex, neocortex o corteza cerebral, la parte más evolucionada de nuestro cerebro. A medida que envejecemos, las arrugas de esta capa externa se van haciendo más acusadas. Los surcos del cerebro que sostenía entre mis manos eran los propios de una persona joven con las circunvoluciones rebosantes de neuronas. Había llegado el momento de analizarlo con detalle.

En la sala de autopsias

Cuando decimos "cerebro" habitualmente nos referimos a la masa encefálica que se encuentra dentro del cráneo, sin embargo conviene matizar, pues no es exactamente así: el cerebro es sólo una de las tres partes integradas en ese órgano intracraneal llamado, con más propiedad, *encéfalo*. Situados por debajo del cerebro se encuentran los otros dos componentes: el cerebelo, del latín *pequeño cerebro*, encargado de la coordinación del movimiento, y el tronco cerebral, que conecta directamente con la médula espinal.

Dos mitades mirándose a modo de espejo componen la parte del encéfalo correspondiente al cerebro; son los hemisferios cerebrales: derecho e izquierdo, relativamente simétricos, igual que ocurre con otras partes del cuerpo: dos brazos, dos piernas. Dos hemisferios cerebrales con un profundo surco que los separa llamado *cisura interhemisférica*. Cada hemisferio se subdivide en cuatro lóbulos: *frontal, temporal, parietal* y *occipital*. Los límites de cada lóbulo vienen marcados por determinados surcos y cisuras. Un hueso craneal correspondiente a cada lóbulo los recubre recibiendo el mismo nombre. Ambos hemisferios están unidos a modo de puente por el cuerpo calloso compuesto por unos 200 millones de fibras nerviosas a través de las cuales se comunican.

Después de analizar la superficie del cerebro sin que se apreciara nada aparentemente anormal, giré la mano para ver su base y examinar el tronco cerebral: el cerebro del reptil, la parte más antigua de nuestro encéfalo.

Como un grueso tallo de aspecto más blanquecino que el resto del encéfalo, el tronco cerebral está compuesto por una enrevesada red de nervios que entran (aportando información de todos los sentidos del cuerpo) y salen (para controlar los movimientos), diferenciándose tres zonas: el bulbo o parte inferior, que conecta con la médula espinal y donde se localizan varios centros que regulan funciones vitales como la respiración, el latido del corazón y la presión arterial; la protuberancia que sobresale en la zona medial, y, por encima de ésta, el mesencé-falo, que incluye la formación reticular o red de neuronas espe-cíficas que participa en el estado de vigilia-sueño y alerta. Si aumenta la presión intracraneal, por una hemorragia o un tumor (entre otras causas), el cerebro puede desplazarse hacia abajo y comprimir el tronco encefálico con sus centros vitales; proceso conocido como herniación cerebral, que desencadena un esta-do de coma acompañado de dilatación pupilar y signos de des-cerebración: un cuadro clínico de muy mal pronóstico.

Esa misma mañana había explorado al paciente y se encon-traba plenamente consciente, sin ningún síntoma que hiciera sospechar la posibilidad de una inminente herniación. Respiré aliviada; el tronco parecía intacto. Cuanto más alejada del ce-rebro se encontrara la causa final del fallecimiento del pacien-te, mejor, mucho mejor. Inseguridades de primerizo o debili-dades eternas.

Ahora tocaba examinar el interior del encéfalo, para lo que era preciso escoger el tipo de corte, pues según su orientación se visualizan mejor unas u otras áreas. El patólogo tomó el ce-rebro y lo partió en dos, optando por un corte coronal que per-mite examinar conjuntamente ambos hemisferios que se man-tienen unidos por el cuerpo calloso situado justo en la línea media debajo de la cisura interhemisférica.

En condiciones de normalidad, lo primero que llama la atención es que el interior del cerebro no es homogéneo; hay zonas de un color gris parduzco como el de la superficie y otras más claras. Los cuerpos de las neuronas forman la es-tructura principal de la sustancia gris que se distribuye a lo lar-go de toda la corteza con un espesor, desde la superficie hacia el interior, de 1,5 a 3 mm y una extensión calculada de 2.500 cm^2, representando el 80% del cerebro. Las zonas más claras, llamadas *sustancia blanca*, están compuestas por fibras ner-viosas o colecciones de axones recubiertos por su correspon-diente capa de mielina, que es la que le da el color blanquecino. Un haz de sustancia blanca característico es el cuerpo calloso; inmediatamente debajo de estas fibras que unen ambos hemisferios vemos dos cavidades llamadas *ventrículos laterales*, cada uno perteneciente a su correspondiente hemisferio, que se comunican con otros dos ventrículos más pequeños situados en el interior del tronco cerebral y a través de los cuales circula el líquido cefalorraquídeo (LCR) producido en los plexos coroideos de sus paredes.

Desde su ingreso, a nuestro paciente le habíamos practicado dos punciones lumbares para analizarle el LCR. Los resultados habían sido prácticamente normales con una leve elevación de las proteínas, pero sin encontrarse células. Las pruebas de scanner y resonancia magnética craneal tampoco habían mostrado hallazgos significativos con los ventrículos laterales centrados y de tamaño normal.

A la vista estaban, como dos alas de mariposa, los ventrículos laterales de aspecto completamente normal. Apoyado sobre la pared externa de cada una de estas cavidades se observa una pequeña área del mismo color grisáceo que la corteza: el núcleo caudado. Veremos más núcleos o acúmulos de sustancia gris bien delimitados y de localización específica entre la sustancia blanca del interior del cerebro; núcleos subcorticales de diferentes formas y tamaños, casi todos por duplicado, cada uno con su correspondiente nombre y función: los ganglios basales que participan en el control motor. El tálamo o centro que equivale a una estación de tren a la que llegan todos los sistemas sensitivos y de donde parten hacia la zona de la corteza que les corresponde. Debajo del tálamo se encuentra el hipotálamo y el sistema límbico; otro grupo de pequeños núcleos de gran relevancia, ya que participan en muchos aspectos de la conducta. En este tipo de corte coronal se ve con especial detalle el hipocampo, área del lóbulo temporal relacionada con la memoria. Tampoco aquí apreciamos ninguna anomalía reseñable.

El estudio macroscópico estaba siendo normal excepto el engrosamiento comentado de las meninges. Me despedí del patólogo y quedamos que nos enviaría un informe detallado una vez completado el examen con las tinciones y los análisis microscópicos pertinentes.

Al cabo de dos semanas nos llegó el resultado final de la autopsia: meninges infiltradas por células malignas linfomatosas con el resto del estudio cerebral normal y sin invasión en los otros órganos examinados. Tromboembolismo pulmonar masivo como causa del fallecimiento repentino.

En el período formativo de todo médico suele existir un día clave, un día en el que uno se enfrenta de cara con una profesión donde la vida de las personas está en juego. Tomas conciencia de la responsabilidad adquirida y la asumes. Ese día te conviertes en médico.

5. ENIGMAS SOBRE
LA ORGANIZACIÓN DEL CEREBRO

En 1861, el francés Pierre Paul Broca hizo un descubrimiento que marcaría una época de enorme trascendencia en la investigación del cerebro y sus funciones; examinó a un paciente que había perdido la capacidad para hablar: entendía lo que se le decía, pero no podía expresarse. Poco después el paciente falleció y Broca diseccionó su cerebro. Lo que encontró fue una lesión en el lóbulo frontal izquierdo. El área de Broca, todo un hito en la historia del conocimiento de nuestro cerebro, pues a partir de aquí se desarrolló la idea de que los dos hemisferios pudieran desempeñar actividades diferentes. De este modo se reactivó la búsqueda de áreas cerebrales específicas de función, estudios que se habían visto relegados a favor de la creencia de que las conductas complejas derivaban del trabajo de todas las neuronas funcionando a la vez, teoría nacida del rechazo a los postulados de principios del siglo XIX encabezados por el alemán Franz Joseph Gall, quien dividía la corteza cerebral en más de 35 áreas adjudicándoles una facultad mental a cada una de ellas: aquí la esperanza, aquí la generosidad... Demasiadas alas para una imaginación que resultó premonitoria en un aspecto esencial: los módulos de función.

Sistemas funcionales

Broca tuvo que esperar a que el paciente falleciera para examinar su cerebro, pero hoy en día, con las técnicas de imagen disponibles, se visualizan en vivo las lesiones cerebrales con detallada precisión y se ha empezado a poder observar el cerebro en acción: pensando, resolviendo problemas..., avances tecnológicos que han contribuido y continuarán contribuyendo a develar los entramados de la organización cerebral, una organización donde las distintas partes que componen el cerebro cumplen con una función específica, lo que no significa que cada función se localice en una única área, sino que en la gran mayoría de actividades mentales van a participar varias áreas interconectadas entre sí. Descubrir estos entramados o sistemas funcionales de cada una de las actividades elaboradas por nuestro cerebro, además de ser una tarea apasionante, nos puede ayudar a desarrollarlas y potenciarlas en todas sus posibilidades.

Comencemos por la superficie cerebral. ¿Qué ocurre si se estimula eléctricamente punto por punto? El neurocirujano canadiense Wilder Penfield, mediante implantación de electrodos a lo largo de extensas áreas de la corteza cerebral a pacientes epilépticos (mientras se les intervenía quirúrgicamente de un foco irritativo intratable), demostró que el cuerpo entero está representado en la superficie de nuestro cerebro. Estimulaba un punto y se movía un brazo, un pie o un dedo, dependiendo de la zona escogida, así hasta quedar dibujado un curioso personaje: el homúnculo de Penfield, un hombrecito con una mano desproporcionadamente grande dado que los movimientos finos de los dedos van a requerir una extensión de corteza mayor que el resto del cuerpo. Aunque con significado incierto, no dejan de ser sorprendentes algunas de las experiencias obtenidas con esta técnica, como los ataques de risa desencadenados por el estímulo eléctrico aplicado sobre un punto concreto de la corteza frontal izquierda descritos en una joven epiléptica intervenida por cirujanos de la Universidad de California, o la intensa sensación de trascendencia espiritual experimentada al aplicar el estímulo eléctrico en una zona del lóbulo temporal. Enigmáticas experiencias vitales con sólo estimular eléctricamente una determinada zona de la superficie cerebral o posibles puntas del iceberg de los módulos de función de actividades mentales específicas, como describe con acierto la periodista especializada en temas de Medicina Rita Carter en su libro *El nuevo mapa del cerebro*.

Autopsias, pruebas de imagen, técnicas de estimulación eléctrica... Los lóbulos cerebrales han sido ampliamente estudiados y en la actualidad se conoce con precisión las funciones en las cuales participa cada uno de ellos. El *lóbulo occipital* está implicado en el procesamiento de la información visual. El *lóbulo parietal* se encarga de funciones relacionadas con el movimiento, la sensibilidad táctil, la orientación, el cálculo y la imagen corporal. El *lóbulo temporal* se relaciona con la audición, la comprensión del habla, ciertos aspectos del aprendizaje, la memoria y la emoción. Y por último, el *lóbulo frontal*, el lóbulo humano por excelencia, al que se le reconocen funciones cerebrales más integradas como pensar y planificar, además de desempeñar una función esencial en la apreciación consciente de las emociones e intervenir en el control del movimiento, incluyendo el área motora del lenguaje. Cuatro lóbulos, cuatro departamentos por duplicado intercomunicados entre sí: el andamiaje de nuestro cerebro.

Un matrimonio ejemplar

Imaginemos un cerebro con un área en cada hemisferio controlando los movimientos del cuerpo en el espacio, cada una de ellas tratando de llevarnos por su lado: una situación que se evita lateralizando las funciones. Imaginemos un cerebro con dos hemisferios ordenando movimientos sin tenerse en cuenta entre sí: una situación que se evita con la constante comunicación interhemisférica. Distribución o lateralización de funciones y comunicación constante; las claves para la ejemplar convivencia de nuestros dos hemisferios. Más del 90% de la gente es diestra; ser diestro se asocia con la dominancia del hemisferio izquierdo. El 95% de los diestros y el 70% de los zurdos tienen el área del lenguaje instalada en el hemisferio izquierdo, mientras que en la gran mayoría de personas las funciones espaciales se localizan en el hemisferio derecho.

Pero si los dos hemisferios se transmiten la información casi en el acto a través del cuerpo calloso, realmente ¿es posible llegar a averiguar con certeza lo que está pasando en cada hemisferio cuando se procesa una determinada función? Difícil, difícil tarea de investigación. De momento, después de años de observación y estudio, de modo simplificado han quedado establecidos dos patrones en cuanto a las características de cada hemisferio: mientras que el hemisferio izquierdo es analítico, lógico, calculador y preciso, el derecho es más soñador, más emocional, procesa las cosas de forma holística en vez de desmenuzarlas y tiene que ver más con la percepción sensorial que con el conocimiento abstracto. Desde el punto de vista conductual también son llamativas las diferencias observadas: los pacientes con una lesión grave en el hemisferio derecho se comportan de modo indiferente, negando en algunos casos su discapacidad; por el contrario, los pacientes con lesiones en el hemisferio izquierdo reaccionan con dramatismo. Es como si el hemisferio derecho tuviera un carácter pesimista y el izquierdo fuera optimista. Dos caracteres diferentes, dos individuos distintos dentro del mismo cerebro.

Cerebros superpuestos

Nuestro cerebro es producto de la evolución. Basta con analizar sus diferentes estructuras para despejar posibles dudas al respecto. Lejos de perder peso específico, el ser humano se explica y se engrandece al analizar la evolución de su cerebro desde la aparición de las primeras células nerviosas. Es fascinante constatar cómo por encima del encéfalo correspondiente a cada etapa evolutiva se han ido añadiendo nuevas áreas conservándose las antiguas. Un conjunto de cerebros o encéfalos superpuestos, eso es lo que somos. Un entramado cerebral compuesto por distintos niveles de función ampliamente intercomunicados donde cada nuevo nivel brinda control y perfeccionamiento al anterior.

Como en el resto de los mamíferos, nuestro encéfalo está compuesto por tres niveles de función: la médula espinal, el tronco cerebral y el prosencéfalo; este último incluye la corteza, el sistema límbico y los ganglios basales. Se puede concluir que la corteza es la parte consciente de nuestro cerebro y que los niveles situados por debajo son inconscientes; pero al transferir constante información hacia arriba, estos niveles inferiores van a ejercer un papel determinante en la conducta.

Realidad subjetiva

El encéfalo y la médula espinal constituyen el sistema nervioso central (SNC). Tanto del tronco cerebral como de la médula salen y entran unas terminaciones o fibras nerviosas que constituyen el sistema nervioso periférico (SNP). Vías motoras y sensitivas conectadas con los receptores sensoriales de la superficie del cuerpo, los músculos y los órganos corporales internos que nos permiten percibir lo que sucede a nuestro alrededor, así como en nuestro propio cuerpo. Las vías nerviosas que reciben y envían información a los órganos internos del cuerpo controlando, por ejemplo, el latido del corazón o las contracciones del estómago, componen el sistema nervioso autónomo. Cada hemisferio cerebral se ocupa de las funciones sensoriales y motoras del lado opuesto o contralateral del cuerpo. Las órdenes motoras que salen de un hemisferio son conducidas por fibras nerviosas que al llegar a la zona inferior del tronco cerebral cambian de dirección. Lo mismo ocurre con las vías sensitivas que ascienden por la médula espinal: al entrar en el cerebro se cruzan. Así pues, una lesión en el hemisferio izquierdo afectará las extremidades derechas, y viceversa.

El cerebro depende por completo de estas conexiones nerviosas que captan el mundo convirtiéndolo en nuestra realidad. Una realidad mucho más subjetiva de lo que se muestra en apariencia, pues si variaran los receptores la realidad percibida sería diferente. Por otro lado, las múltiples interconexiones que establecen las neuronas pertenecientes a las distintas partes del cerebro son la clave para que las señales recibidas de distintos receptores se integren y se cree una nueva información. En el caso de que el procesamiento de la información recibida fuera otro, también percibiríamos un mundo diferente. Asimismo, las neuronas de la corteza están interconectadas y se envían información de salida. La respuesta final resultará de la suma de todas estas señales, una respuesta o realidad nueva, en ocasiones tan creativa como una idea genial.

Varios niveles de función, varias áreas actuando a la vez. Y a pesar de tanta complejidad, sentimos las experiencias conscientes de modo unificado. Cuando miramos un objeto, nuestro cerebro está procesando al mismo tiempo distintas características: a quién le pertenece, la forma, el color, el brillo, si está o no defectuoso. Sin embargo, la información se unifica de tal manera que no somos conscientes de los distintos procesamientos activados. ¿Cómo es posible? Las investigaciones actuales apuntan hacia una organización basada en sistemas que actúan de modo jerárquico y en paralelo, un ordenado laberinto para tratar de comprender cómo el cerebro puede producir conductas tan complejas y llegar a parecernos tan sencillas.

El bosque se aclara

Una de las mayores dificultades en la investigación de las funciones cerebrales estriba en definir con exactitud cada una de sus actividades y tratar de descomponerlas en sus correspondientes subfunciones. El potencial de actividades cerebrales es enorme; hasta las que parecen relativamente simples son complejísimas. Reconocer caras, distinguir una pera de una manzana, un gesto, un abrazo. En el pensamiento más simple intervienen millones de neuronas actuando a la vez. La actividad del cerebro es un proceso dinámico de sistemas que hacen millones de cosas al mismo tiempo. A medida que se avanza en el conocimiento del enrevesado entramado cerebral nos sentimos más seguros y optimistas caminando por él, y aunque la sensación de que la mente continúa conservando todo su misterio permanece indisoluble, existe el convencimiento de que hemos comenzado a comprender cómo se organiza nuestro cerebro y que el futuro se nos presenta lleno de descubrimientos que aportarán luz a aspectos esenciales de nuestras vidas. El bosque se aclara; vayamos preparando las gafas de Sol. Frases que surgen de mis neuronas mientras escribo. ¡Ojo!, que no nos deslumbre la ciencia. De alguna manera, en cada frase, en cada acción, intervienen nuestras emociones, nuestros pensamientos. Cada cerebro es único.

6. MENDEL
Y LA GENÉTICA ACTUAL

Guisante a guisante. La paz interior como destino. El Sol y las estrellas iluminando al monje. Ingenio, paciencia, capacidad de análisis. Plumilla y tintero. Así se gestaron los pilares básicos sobre los que se ha edificado el prometedor campo de la genética actual: las leyes de Mendel.

De 1858 a 1866, el monje austríaco Gregor Mendel, nacido en el seno de una familia de granjeros, mal estudiante y peor párroco, después de suspender unas oposiciones a profesor, en el jardín de su monasterio, se dedicó a cruzar guisantes. Examinando las características de los descendientes, fue deduciendo las reglas que rigen la herencia.

Primera genialidad. La elección del guisante. Su planta es resistente, crece con rapidez y existen diversas variedades con caracteres bien diferenciados. Igual que ocurre en otras leguminosas, los pétalos de su flor encierran los órganos sexuales: los estambres y el pistilo. Los estambres, productores del polen, son los portadores de los gametos masculinos, y el óvulo o gameto femenino es producido por el pistilo. En el interior de la misma flor se encuentran los dos órganos sexuales: masculino y femenino. Por norma general, se autofecundan.

Para sus experimentos, Mendel alteraba este mecanismo natural de reproducción. Abría la flor, retiraba los estambres antes de que maduraran y fecundaba el pistilo con polen de otra planta. De este modo conseguía la fertilización cruzada entre dos plantas de guisante diferentes.

Segunda genialidad. Vaina, flor, tallo, semilla o guisantes; cada parte de la planta dispone de muchas variedades. ¡Cuántos caracteres potencialmente a estudiar! Mendel seleccionó únicamente dos: el color y la forma del guisante. Amarillo o verde, rugoso o liso. Limitar sus experimentos a la observación de estos dos caracteres le facilitó considerablemente el camino hacia sus conclusiones finales.

Primera sorpresa. Comenzó cruzando variedades de plantas puras a las que llamó generación paternal (P1). Guisantes amarillos, guisantes verdes; al cruzarlas, siempre obtenía guisantes amarillos. Algo similar ocurría al cruzar guisantes lisos con rugosos de generación pura (P1); siempre obtenía guisantes lisos. No se produjeron semillas de forma intermedia. La explicación debía encontrarse en el modo en que se heredan los diferentes caracteres. Todo inducía a considerar que los guisantes amarillos, igual que ocurría con los lisos, transmitían a su descendencia algún factor de control que hacía que dicho carácter se manifestara, y, en cambio, no sucedía lo mismo con el color del guisante verde ni con su forma arrugada: ambos caracteres parecían haberse esfumado del jardín.

Segunda sorpresa. Llegó el momento de experimentar con la segunda generación (F1), denominada *híbrida* por proceder de progenitores distintos. Sembró todas las semillas de guisantes lisos (F1); sus plantas crecieron hasta alcanzar la madurez y dejó que sus flores se autofecundaran. En total cosechó 7.324 semillas de la tercera generación (F2). Resultado: 3-1 a favor de los guisantes lisos. Pero los guisantes rugosos aparecieron de nuevo. En menor proporción (25%), pero reaparecían después de haber desaparecido de la segunda generación. Y reaparecían exactamente igual de rugosos que sus "abuelos". Sólo podía haber una explicación: al menos algunas de las plantas F1 debían ser portadoras del factor determinante de la semilla rugosa aunque no se hubiera manifestado. Un rasgo presente pero oculto en la generación F1 que reaparecía en la generación F2.

Y así, año tras año, guisante a guisante. Deduciendo y confirmando hallazgos. Caracter a caracter, generación a generación. Cruzando caracteres: verde rugoso, amarillo liso, verde liso, amarillo rugoso. El milagro de la vida. Estación a estación. Lluvias, nieve y escarcha. El Sol de tantos veranos sobre la ciudad, por aquel entonces austríaca, de Brünn.

De los resultados obtenidos, cuyos trabajos publicados no fueron reconocidos hasta dieciséis años después de su muerte, Mendel formuló una serie de suposiciones o hipótesis todas ellas de extraordinario interés, que posteriormente, con algunas excepciones, han pasado a postularse como leyes.

Las leyes de Mendel

Lo esencial es que dedujo la existencia de ciertas partículas o factores heredados de los padres que regulan la aparición de los rasgos de los organismos vivos. Dos para cada rasgo o característica; uno heredado de la madre y otro del padre. Concluyó que estos factores se transmiten en forma de unidades independientes e inmodificables. Si un organismo posee dos factores diferentes para un rasgo determinado, uno de ellos se manifiesta e impide que se exprese el otro. El que se expresa es el factor dominante y el que queda aparentemente excluido es el recesivo.

Estos factores de herencia son lo que hoy en día se conocen con el nombre de genes. Dos genes para cada rasgo; un gen heredado del padre y otro de la madre. Las formas alternativas de un gen que controla la aparición de una característica dada se llaman *alelos*. El alelo que se expresa es el dominante y el que queda oculto es el recesivo. Actualmente se sabe que los alelos pueden variar considerablemente en cuanto a su dominancia; ésta puede ser completa o incompleta. En el caso de que la dominancia sea incompleta, el rasgo se manifiesta sólo de forma parcial. Cuando un gen es recesivo, por ejemplo el gen del albinismo, un individuo tiene que tener dos copias de éste para

que se manifieste ese rasgo. Los que sólo cuentan con una copia del gen son portadores, es decir, ellos mismos no presentan
el rasgo, pero pueden transmitir el gen. En conclusión, como el
gen del albinismo es recesivo, para ser albino hay que poseer
dos copias del gen: uno heredado de la madre y otro del padre.

Dos organismos pueden manifestarse de modo similar de
cara a una característica determinada. Diremos entonces que
tienen el mismo fenotipo para ese rasgo en concreto. Pero
como nos enseñó Mendel con el experimento del cruce de guisantes puros (P1), aunque todos los descendientes resultaron
ser amarillos, su genotipo era diferente con genes heredados
de sus dos progenitores. Dominantes y recesivos, amarillos y
verdes, independientes e inmodificables. Genes que se van
manifestando en posteriores generaciones.

Los cromosomas

Microscopios cada vez más potentes, y el descubrimiento
de métodos de tinción selectivos para las distintas partes de la
célula, permitieron visualizar en el interior del núcleo unas estructuras alargadas con forma de bastoncillos: los cromosomas. Identificados alrededor de 1884, no se relacionaron con
los misteriosos factores de herencia de Mendel hasta que, en
1903, un estudiante de la Universidad de Columbia, Sutton,
observando los cromosomas de los saltamontes, se dio cuenta
de lo mucho que tenían en común con los factores descritos
por Mendel. Boveri, en Alemania, llegó a las mismas conclusiones: los genes se encontraban en los cromosomas.

Exceptuando las células sexuales o germinales que sólo
disponen de una copia, el núcleo del resto de las células del organismo contiene cada cromosoma por duplicado. Hasta 23
pares; en total 46 cromosomas que se diferencian por su tamaño y forma, lo que permite denominarlos de mayor a menor

del 1 al 23. El par 23 contiene los cromosomas sexuales, llamados *X* e *Y* por su apariencia.

El cuerpo humano posee unos 100 billones de células. Independientemente del tejido que formen, cada una de ellas tiene los mismos 23 pares de cromosomas, es decir, idénticas instrucciones genéticas que, además de determinar características físicas como el color del pelo o de la piel, establecen que tengamos mayor o menor riesgo de sufrir una determinada enfermedad. Y no hay que olvidar que el fin primordial de la genética es hacer frente a los defectos de los genes causantes de enfermedades. Aunque la historia no siempre esté a la altura de los descubrimientos científicos.

El ADN. El secreto de la vida

Una vez conocido que los factores de herencia o genes se localizaban en los cromosomas, quedaban aún muchos aspectos por desvelar. Año tras año, paso a paso, incontables horas de laboratorio por parte de tantos y tantos científicos, más o menos reconocidos, todos investigadores imaginativos y tenaces en su lucha por contribuir al conocimiento de la composición y funcionamiento de esta estructura química clave en la perpetuación de la vida: los genes.

La composición de los cromosomas pronto quedó determinada: un 60% por proteínas y un 40% por una molécula llamada ADN (ácido desoxirribonucleico). ¿En cuál de estos componentes se escondían los genes? Dudas y más dudas hasta que en 1944 quedó definitivamente confirmado que el material genético tan buscado era el ADN, una larga molécula compuesta por únicamente cuatro bases químicas distintas: purinas (adenina y guanina) y pirimidinas (citosina y timina); A-G-C-T. Cuatro bases, cuatro letras. Llegar a desentramar la estructura de esta increíble molécula debió ser, sin duda, uno de los trabajos más apasionantes de la ciencia. James D. Watson, en su libro *ADN. El secreto de la vida*, nos lo cuenta en primera persona hasta llegar a emocionarnos. Watson, Crick y Wilkins, de su colaboración surgió la magia. Osadía y genialidad como principales armas para tratar de completar un rompecabezas al que aún le faltaban muchas piezas. Había quedado demostrado que los enlaces químicos que unían las bases del ADN eran siempre los mismos; en unas especies predominaban la A y T y en otras la G y C. Para sorpresa de todos, se había descubierto que el ADN era una molécula con una estructura muy regular. Periódica y regular, una molécula capaz de almacenar tanta información, capaz de replicarla. ¿Cuál era la mejor estructura a la hora de explicar estas increíbles aptitudes? Basándose en dichas características, los tres científicos dedujeron que el ADN estaba compuesto por dos cadenas girando en direcciones opuestas, dos cadenas que se mantenían unidas por enlaces de hidrógeno entre los pares de bases. También llegaron a la conclusión de que una hélice era la disposición más lógica para esta larga hilera de unidades periódicas. En 1953 mostraron al mundo su descubrimiento. Según sus propias palabras: una hermosa y sencilla estructura tridimensional de doble hélice. El ADN, el secreto de la vida. Física y química en perfecta armonía. La vida.

El código genético

Llegó el momento de intentar descifrar el libro de instrucciones heredado de los padres en el mismo momento en que el espermatozoide fecunda el óvulo. Pero ¿cómo empezar a investigarlo? El laboratorio de Pauling, considerado el fundador de los cimientos de la química moderna, fue el primero en demostrar la relación de los genes con las proteínas. Un gen; una proteína. ¡Qué gran paso hacia adelante! A través de la producción de proteínas, el ADN ejercía su control sobre las células. Comenzaba a entenderse el funcionamiento celular.

Cada gen corresponde a un segmento de ADN. La lectura de una secuencia de A-G-C-T constituye el código de un gen. Cada base química con su letra correspondiente. El alfabeto de cuatro letras del ADN se traduce en el alfabeto de veinte letras de las proteínas a través de un código genético. Descifrar el código. Determinar los mecanismos de traducción de ese código para la producción de proteínas. Vaya retos.

Actualmente se sabe que los aminoácidos (AA) se reúnen para formar las proteínas en los ribosomas de las células. Cuando se necesita una determinada proteína, el gen que la codifica, un segmento de ADN, se pone en marcha. Se desarrolla del mismo modo que lo hace el ADN cuando se replica. Posteriormente se transcribe, es decir, se copia en un filamento de ARN mensajero (otra molécula esencial cuyo descubrimiento ha sido clave para entender muchos de los mecanismos encerrados en las células). Este ARNm es transportado del núcleo al citoplasma hasta contactar con un ribosoma; aquí se traduce el código. De la secuencia de los nucleótidos del gen a la secuencia de aminoácidos de la proteína requerida. Pero ¿cuál es ese misterioso y trascendental código?

En 1961, Brenner y Crick demostraron que el triplete era la base del código; un lenguaje escrito con palabras de tres letras. A partir de aquí, ¿cómo descifrarlo? Nirenberg mostró el camino. Añadió tripletes de uracilo a las células y éstas comenzaron a expulsar una proteína: la fenilamina. Había descubierto que la combinación de nucleótidos de uracilo, poliU, codifica el aminoácido llamado fenilalamina (la tiamina del ADN se sustituye por uracilo en el ARN). Conociendo los 20 aminoácidos que componen las proteínas (alamina, arginina...) se fue desvelando el misterio. El código de la alamina es GCA GCC GCG GCU. Y así hasta completar los veinte AA. En 1966, el código genético quedaba descifrado.

El genoma humano

Cada cromosoma contiene una doble hélice de ADN. Larguísimas hileras de pares de bases. As-Ts-Gs-Cs. El río Danubio como imagen. En el cromosoma 1, el más grande, se encuentran alrededor de 250 millones de pares de bases. La secuencia completa de estas hileras de letras constituye el genoma: el conjunto de instrucciones genéticas. Cada célula contiene dos genomas, uno heredado de cada progenitor. Dos copias de cada gen. Dos copias del genoma. El tamaño del genoma varía de una especie a otra. El genoma humano contiene unos 3.100 millones de pares de bases.

El 26 de junio de 2000, los presidentes de sus respectivos países, Bill Clinton y Tony Blair, comunicaron de modo oficial la finalización del primer borrador de este inmenso listado de letras: el genoma humano. Atrás quedaban más de diez años de un trabajo descomunal liderado por los Estados Unidos en colaboración con el Reino Unido, Francia, Alemania y Japón, un proyecto no exento de altibajos dada la complejidad y coste económico del reto. Todo un desafío de la ciencia y la tecnología.

El número de genes finalmente encontrado ha sido inesperadamente bajo. La conclusión es que el genoma humano completo contiene de 35.000 a 50.000 genes (hoy en día todo el mundo se inclina por los 35.000), poco más del doble que los genes hallados en el gusano. De hecho, el mayor tamaño de nuestro genoma, en gran parte, se debe a que contiene más segmentos basura (no codificadores de proteínas) que el resto de las especies. Hacer más y más con los mismos genes; eso parece que sucede a lo largo de la evolución con unas semejanzas a nivel molecular que sustentan el origen común de todos los organismos vivos.

Ya conocemos nuestro genoma. Los genes. Todas las letras del libro. Ahora resta entender lo que leemos. Estudiar qué proteínas codifica cada gen, dónde y cuándo se expresan estos genes, qué proteínas actúan en las diferentes etapas de la vida y cuáles intervienen en cada órgano en particular. Conocer cómo se expresan los genes en situaciones de normalidad nos permitirá comenzar a comprender las bases sobre las que se originan las enfermedades.

El fantasma de Frankenstein

Como nos explica con detalle, pasión y autoridad de premio Nobel James D. Watson, la manipulación genética es una realidad que encierra un enorme potencial de beneficio para la humanidad. Controvertida, aunque imparable, desde que en 1950 Arthur Kornberg descubrió la polimerasa del ADN: la técnica del ADN recombinante. Veinte años después, todas las herramientas para fabricar ADN estuvieron disponibles. Cortar, pegar, copiar. Como un procesador de textos. Se selecciona el tramo de ADN correspondiente a un gen determinado. Se corta y se introduce en un plásmido (moléculas de ADN situadas fuera del ADN cromosómico presentes en casi todas las bacterias). Posteriormente, este plásmido, con el gen incorporado, se introduce en una bacteria y se pega a su ADN. Por último, mediante el proceso de división natural, la propia bacteria replica el plásmido con el fragmento introducido artificialmente. Así, duplicándose, se copia y copia, una y otra vez, hasta obtener grandes cantidades del gen en cuestión.

Fabricar genes. Genes de proteínas con valor terapéutico. La industria biotecnológica fue superando todos los obstáculos que comporta conseguir que una bacteria produzca proteínas humanas hasta el punto de que, en la actualidad, la ingeniería genética forma parte de la práctica diaria para sintetizar fármacos: insulina, hormona del crecimiento, eritropoyetina... A los gobernantes del mundo: menos fantasmas y más apoyo a la investigación.

Genes y cerebro

Se estima que aproximadamente la mitad de la información genética codificada en el ADN se expresa en el encéfalo, algo que no es de extrañar, teniendo en cuenta la diversidad y el elevado número de células nerviosas de nuestro organismo. Conocer las consecuencias sobre el comportamiento provocadas por las anomalías genéticas que afectan al cerebro es una herramienta básica para comenzar a entender cómo influyen los genes en nuestra conducta.

Enfermedades, por lo general de baja prevalencia, consideradas simples desde el punto de vista genético al ser producidas por una única mutación. Por ejemplo, la demencia descrita por George Huntington heredada con carácter autosómico dominante, o el síndrome del cromoma X frágil que cursa con retraso psicomotor, enfermedades en las que ya se conoce dónde se localiza la mutación, detectándose mediante el correspondiente análisis genético, aspecto de enorme importancia pues son enfermedades que se transmiten a la descendencia. Y enfermedades mucho más frecuentes, aunque con una influencia genética menos evidente al no seguir las leyes de Mendel, como la demencia degenerativa tipo enfermedad de Alzheimer, en la cual una copia de la variante del gen que codifica una proteína involucrada en el proceso del colesterol, la Apoe $\Sigma 4$, multiplica por cuatro el riesgo de padecerla, aunque ello no significa que necesariamente la persona poseedora del gen la desarrolle, ya que además del componente genético se requiere del entorno o del contacto con determinados factores ambientales para que se manifieste. La esquizofrenia y el trastorno afectivo bipolar o psicosis maniaco-depresiva son dos enfermedades psiquiátricas con un indiscutible componente genético, puesto que ambas se presentan con más frecuencia entre parientes de los individuos afectados comparándolas con la incidencia en la población general. Se cree que pueden ser poligénicas, o sea, debidas a la acción conjunta de varios genes, cada uno de los cuales aportaría una contribución pequeña al desarrollo de la enfermedad. El hecho de que sólo entre el 30-50% de los gemelos genéticamente idénticos la padezcan implica que los factores ambientales también desempeñan un papel importante.

Alteraciones genéticas. Si tenemos presente que 3.100 millones de pares de bases empaquetados en los 23 cromosomas tienen que duplicarse cada vez que una célula se divide, comprenderemos que lo extraordinario es que nos mantengamos aparentemente sanos; y no nos extrañará la existencia de frecuentes mutaciones que son tan sólo fallos en la secuencia de los nucleótidos cuando las células reproductoras producen copias de los genes. Errores de copiado; desde una sola base a una gran cantidad de mutaciones en un mismo gen. Por suerte, muchos de estos errores son inocuos para el organismo dado que afectan a partes de ADN que no contienen instrucciones genéticas.

Las acciones de los genes dan lugar a lo que llamamos rasgos *físicos* y *comportamentales*. Tener genes idénticos no significa que éstos se expresen de modo idéntico. El ADN de los genes que se expresan en el cerebro codifica proteínas que son importantes para el desarrollo y mantenimiento de los circuitos nerviosos que generan el comportamiento. Que existan genes esenciales para la expresión de una conducta no excluye la importancia del entorno, ni que la mayoría de rasgos comportamentales sean poligénicos.

Recientemente se ha concluido el primer borrador del genoma del chimpancé, constatando que un 96% es compartido con el humano; y de hecho, ambos genomas son casi un 99% idénticos, si no se tienen en cuenta en el análisis ciertos aspectos del ADN que se han reorganizado de forma distinta en las dos especies. 35 millones de bases nos alejan del chimpancé; 35 millones de letras. En la presentación pública de los resultados, los científicos responsables del proyecto se mostraron exultantes ante un logro histórico que, según sus propias palabras, está destinado a encabezar un gran número de descubrimientos con implicaciones para la salud, además de acercarnos increíblemente a la búsqueda de las claves biológicas sobre las diferencias de las especies.

¿Qué nos hace humanos?

7. DESARROLLO CEREBRAL

¡Cómo expresarlo…! Los sueños de mil poetas para encontrar una palabra que resuma toda la perplejidad que se siente al adentrarse en el estudio del desarrollo cerebral. De las células madre al cerebro maduro; un proceso tan mágico como lógico. Cuánto ingenio. Orden y un cierto grado de azar entrelazados con el objetivo de construir un cerebro que logre funcionar con normalidad. Tóxicos, traumas, infecciones; expuesto a tantas agresiones externas y, en la mayoría de casos, dispondremos de un cerebro capaz de ofrecernos una vida llena de posibilidades. Mientras no despierten los poetas. Asombroso.

Plasticidad, competitividad entre neuronas, conceptos clave a la hora de intentar comprender el enfoque actual del desarrollo cerebral. Atrás quedan los años en que creíamos que nuestro cerebro era un órgano rígido que crecía para luego comenzar el inevitable declive hacia la vejez. Hoy se entiende el desarrollo cerebral más próximo al planteamiento de un proceso continuo que no se va a detener con la edad; pues a pesar de envejecer, el cerebro conserva los mecanismos necesarios para adaptarse a la pérdida de neuronas. Una pérdida iniciada poco después de nacer y que continúa a lo largo de toda la vida. Sin ponerse límites de edad, nuestro cerebro aprende, es decir, a pesar del paso del tiempo, sigue siendo capaz de modificar su estructura microscópica en cada nueva experiencia; concepto conocido como *plasticidad* que ha revolucionado no sólo nuestra idea de la vejez, sino que también ha abierto nuevos horizontes a la investigación sobre la capacidad regenerativa del tejido neuronal y ha supuesto un gran impulso hacia la búsqueda científica de cómo favorecer el desarrollo cerebral del niño.

De las células madre al cerebro envejecido. La historia de un órgano tan gris y arrugado como brillante y flexible: nuestro cerebro. Un cerebro que comparte con la mayoría de las especies los principios generales sobre los que se fundamenta su desarrollo. Del mono al gusano, ratones, animales de laboratorio de inestimable ayuda para la investigación.

Un breve paseo por los conocimientos actuales sobre los principales procesos biológicos implicados en el desarrollo cerebral, nos permitirá observar las distintas etapas del crecimiento de nuestros hijos como el gran privilegio que representa; un libro abierto lleno de conocimiento y fantasía. Cerebros distintos para etapas distintas. Flexibles, adaptables. Aprendamos.

La producción celular

Un óvulo es fecundado por un espermatozoide, y así comienza la construcción de un nuevo individuo, cuyo material genético es una especie de mosaico aleatorio de sus cuatro abuelos. En un principio, el cigoto humano consta de una única célula. Pronto empieza a dividirse: 2, 4, 8, 16... Al decimoquinto día, el embrión parece un huevo frito compuesto por varias capas de células. A las tres semanas, de la capa más externa (el ectodermo) se diferencia la placa neural o tejido nervioso primitivo que, doblándose como una hoja, formará el tubo neural. Del tubo neural a un cerebro con aspecto humano a los cien días; cien gloriosos días sin descanso en la producción de células nerviosas a partir de las células que revisten el tubo neural: las células madre neurales, células con una gran capacidad de autorrenovación y una función sin igual: generar los diversos tipos de células especializadas tanto del encéfalo como de la médula. Vaya mina. De las células madre neurales a las células progenitoras o precursoras, que a su vez son capaces de dividirse y producir neuroblastos y glioblastos, los que al madurar originan los diversos tipos de neuronas y células gliales. Hasta 250.000 neuroblastos por minuto. Una sobreproducción que, como veremos, es básica en el desarrollo del cerebro. Al quinto mes de gestación, este proceso de neurogénesis en gran medida estará terminado.

Migración y diferenciación celular

Una vez formada, cada célula nerviosa tiene que desplazarse hacia su destino. Es la fase de migración. Un extremo del tubo neural se convertirá en la médula espinal y el otro en el encéfalo. El sistema nervioso posee una gran variedad de tipos de células. ¿Cómo sabe cada una de ellas adónde debe dirigirse y cuándo detenerse? Un misterio que la ciencia comienza a entender. Si cada célula fetal tuviera una función y una localización predeterminada (como se creía hasta hace poco) sería pedirle demasiado a nuestros genes. La naturaleza es mucho más ingeniosa. Una neurona, probablemente, nace con una función específica, pero el lugar donde migre será crucial en su identidad final. Por ejemplo, si migra a la zona donde se recibe la información visual, se convertirá en una neurona visual con todas las características adecuadas para esta función. Asimismo, sobre la diferenciación celular y otros procesos biológicos del desarrollo, las investigaciones actuales apuntan hacia genes concretos que se encienden y apagan en relación con ciertas señales del entorno fetal: hormonas, factores de crecimiento; señales la mayoría por descubrir.

Formando una especie de andamio, las células gliales guían y alimentan a las neuronas durante el viaje que comienza poco después de la formación de las primeras neuronas y se prolonga unas seis semanas tras la finalización de la neurogénesis. A partir de entonces comienza la diferenciación celular, un proceso prácticamente terminado al nacer.

La maduración

Concluidos los procesos de formación, migración y diferenciación celular, llega el momento de madurar. Establecer conexiones, relacionarse para sobrevivir. La maduración neuronal persigue conseguir la superficie necesaria de cara a establecer sinapsis con otras neuronas. Dos son los procesos implicados: el desarrollo de las ramificaciones dendríticas y el crecimiento del axón hasta alcanzar a sus células diana, en ocasiones localizadas a varios centímetros de distancia. ¿Cómo sabe cada axón cuál es su célula diana? Santiago Ramón y Cajal dedujo que el axón, durante su desarrollo, es guiado por diversas moléculas que lo atraen o lo repelen; estas sustancias químicas, conocidas como *moléculas trópicas*, se producirían en la célula diana. Han pasado más de 100 años y tan sólo se han identificado un grupo de ellas; la búsqueda no cesa.

En el ser humano, el desarrollo de las dendritas comienza antes del nacimiento, pero continúa durante mucho tiempo; en algunas áreas del cerebro perdura en la edad adulta. Al quinto mes de gestación ya existen contactos sinápticos sencillos. Después del nacimiento aumentan rápidamente; el entorno externo entra en acción.

Poda y muerte celular

El último de todos los procesos que intervienen en el desarrollo del cerebro de los vertebrados es realmente sorprendente por imaginativo. Con la poda de sinapsis y la muerte celular se completa la obra de un modo brillante y relativamente sencillo. Así se consigue un cerebro moldeado y adaptado al entorno; eliminando lo que sobra.

En el momento de nacer disponemos de unos 200.000 millones de neuronas, pero pronto se reducen a la mitad. El cerebro va eliminando neuronas y podando sinapsis aparentemente innecesarias o incorrectas. En la corteza visual, por ejemplo, las sinapsis se duplican entre los dos y cuatro meses de edad, continúan aumentando hasta el año y posteriormente comienzan a declinar al irse podando las sinapsis inutilizadas. En 1976, el francés Jean-Pierre Changeux introdujo el concepto de competitividad entre neuronas, teoría según la cual las sinapsis sólo persisten hasta la edad adulta si se han convertido en miembros de redes neuronales funcionales, en caso contrario son eliminadas. Parece que las neuronas al formar sinapsis se vuelven dependientes de sus dianas para sobrevivir. Las terminales del axón absorben determinadas sustancias químicas producidas por las células diana encargadas de regular la supervivencia neuronal. En el caso de que muchas neuronas compitan por una de estas sustancias, sólo algunas de ellas podrán sobrevivir. Las que no son útiles morirán. El neurobiólogo Gerald Edelman bautizó este proceso como *darwinismo neurológico*. Selección natural; integrarse o morir.

En el proceso de desarrollo y funcionamiento cerebral no hay que olvidar el indispensable papel de las células gliales. El nacimiento de estas células comienza tras el de las neuronas y se prolonga durante toda la vida. Entre otras funciones, la glía forma la mielina, una sustancia que rodea los axones, sin la cual las neuronas pueden seguir funcionando, pero no lo harán con la normalidad del cerebro adulto hasta que el proceso de mielinización se haya completado. Un proceso que se inicia inmediatamente después del nacimiento y continúa aproximadamente hasta los 18 años, siendo característico que la corteza cerebral de un niño de 3 o 4 años tenga unas zonas mielinizadas y otras no.

Ver, oír, gatear, caminar, hablar; sin apenas esfuerzo, como si la naturaleza nos regalara las herramientas indispensables con las que construir nuestra propia existencia, el niño va adquiriendo sus diferentes funciones a medida que las estructuras cere-

brales responsables están lo suficientemente desarrolladas.
¿Qué hacer para facilitar al máximo el desarrollo cerebral?

El útero protector

La vida intrauterina es un prodigio de la naturaleza. Un auténtico paraíso, pero un paraíso no exento de riesgos. Nicotina, alcohol, otros tóxicos; cuántos disparates se cometen al ignorar importantes advertencias médicas. ¡Qué gran temeridad arriesgar el desarrollo del feto exponiéndolo a factores de riesgo fácilmente evitables! Sustancias que alcanzan al embrión, reducen el flujo sanguíneo, deprimen la respiración, disminuyen el latido del corazón y pueden causar malformaciones congénitas, nacimientos prematuros, cerebros pequeños con menor densidad de neuronas. Ya hemos visto que el camino del desarrollo cerebral no es sencillo; la producción celular puede detenerse, la migración verse alterada. Especialmente delicadas son las seis primeras semanas de gestación, cuando la futura madre puede ignorar su estado. Ante un posible embarazo cualquier tratamiento farmacológico se consultará con el ginecólogo. La nutrición debe ser la adecuada con los suplementos vitamínicos necesarios. Ni más ni menos: prudencia, sentido común. Prudencia y feliz maternidad.

Períodos críticos

Entre pañales y biberones transcurre un tiempo crucial para el desarrollo del cerebro, unos meses que resultan realmente engañosos pues el recién nacido, con sus conductas limitadas a buscar el pezón, quejarse o llorar, aparenta una gran pasividad mental. Sin embargo, esconde un auténtico torbellino como cerebro: un cerebro más receptivo al mundo exterior que en ninguna otra etapa, ya que es durante estos primeros meses cuando las neuronas deberán establecer las interconexiones básicas para la creación de sistemas funcionales eficaces de por vida.

Al nacer, el cerebro dispone de unas conexiones muy simples. La experiencia estimula y ajusta la conectividad neuronal. Es dramático comprobar cómo en ausencia de determinados estímulos el normal proceso de desarrollo cerebral se ve gravemente alterado. Si mantenemos cerrados los ojos de un gato recién nacido, las conexiones específicas para el funcionamiento de la visión no serán adecuadamente guiadas por las experiencias visuales y no se desarrollarán normalmente. Lo mismo ocurre en el caso del ojo vago: de no corregirse el problema a tiempo terminará por ser un ojo funcionalmente ciego debido a que la ausencia de estimulación visual atrofia las dendritas de las neuronas corticales.

Períodos críticos o períodos sensibles especialmente importantes durante los cuales determinados acontecimientos ejercen una influencia duradera sobre el cerebro. Ventanas de oportunidad. Numerosos son los ejemplos que llegan a la misma conclusión: la ausencia de la experiencia sensorial adecuada durante un período crítico puede dar lugar a un desarrollo cerebral anormal. Estudios en animales crecidos en la oscuridad sin apenas estímulos, así como casos conmovedores de niños que nos señalan lo que nunca debería llegar a ocurrir: experiencias deficitarias durante la etapa de desarrollo alteran de modo irrevocable el funcionamiento normal del cerebro. Si durante el período crítico para el desarrollo del lenguaje a un niño se le priva de oír conversaciones humanas, habrá perdido la ventana de oportunidad para el habla; posteriormente, sólo con mucha ayuda y esfuerzo podrá encontrar otras rutas de aprendizaje, pero igual que cuando un adulto trata de aprender un idioma, no logrará hacerlo con la destreza del niño, ya que los sistemas de aprendizaje utilizados en ambos casos son muy diferentes.

El niño adquiere el idioma, un mecanismo incomparablemente más eficaz que el sufrido aprendizaje del adulto. Estimular las conexiones básicas del lenguaje del niño desde su nacimiento. Parece ser que si un lactante ha escuchado varias lenguas durante su primer año de vida será capaz de discriminar los sonidos del habla específicos de dichos idiomas. Pasado este tiempo, esta capacidad disminuye y termina por perderse.

Crecer bajo ambientes estimulantes. Ratas corriendo por la cocina familiar del investigador frente a ratas enjauladas. Al someterlas a pruebas de inteligencia, el psicólogo canadiense, Donald Hebb, comprobó que las ratas criadas en su casa obtuvieron resultados muy superiores a las enjauladas. La dificultad estriba en definir qué ambiente estimula más la inteligencia de una persona. De momento, debemos contentarnos con hacer suposiciones lógicas y seguir investigando cómo favorecer al máximo el desarrollo de nuestro cerebro y sus funciones. Potenciar las conexiones. Se estudian distintas posibilidades. Escuchar música suave, el efecto Mozart; hasta la actualidad los resultados no son concluyentes. Mientras aguardamos conclusiones definitivas, el instinto materno lo tiene claro: calor y amor, luz y sonido. Hablar al niño, sonreírle. Como sociedad tengámoslo claro: que ningún niño crezca sin los indispensables estímulos para su normal desarrollo.

Entender al niño

Pienso en mi infancia; apenas un puñado de recuerdos, puntuales, inconexos, intrascendentes en apariencia. Sin embargo, siento que esos primeros años de alguna manera me acompañan más que cualquier otra etapa de mi vida. Entender al niño; quizá una ilusión inalcanzable.

Y es que el cerebro de un niño es muy distinto al de un

adulto. Y tampoco son comparables los cerebros de los niños de distintas edades. Las funciones cerebrales van emergiendo a medida que la maquinaria neuronal responsable de ellas está a punto, sólo entonces surgen las conductas correspondientes con una secuencia de acontecimientos predecibles a modo de etapas. Gatear, andar, hablar, elaborar ideas complejas, resolver problemas... El cerebro humano sigue desarrollándose hasta bien entrada la adolescencia, por lo que algunas conductas y destrezas dependientes de áreas cerebrales que maduran tardíamente, como los lóbulos frontales, se manifiestan en fases avanzadas del desarrollo. Un desarrollo cerebral fundamentado en interconexiones neuronales de complejidad creciente es la base de la aparición de conductas cada vez más complejas, las cuales, una vez que emergen, se irán moldeando con la experiencia. El lenguaje es un claro ejemplo de ello; se suele iniciar entre el año de edad y los dos años y, en gran medida, sobre los 12 años estará completado. El análisis de la corteza cerebral, antes y después de este intervalo de tiempo, muestra un gran aumento de la densidad dendrítica, así como de interconexiones entre neuronas, además de apreciarse que la mielinización de las zonas cerebrales responsables del lenguaje se habrá completado. La investigación actual centra sus esfuerzos en llegar a comprender cómo los acontecimientos biológicos y ambientales determinan el desarrollo cerebral.

Llama la atención observar los diferentes modos en que reacciona el cerebro ante una lesión similar en las distintas etapas del desarrollo. Al modificar con más facilidad sus conexiones, el cerebro en etapas tempranas es capaz de compensar mejor la lesión. Reestructuración cerebral; ¿cómo potenciar áreas que puedan hacerse cargo de otras dañadas? Estudiar música estimula los circuitos del razonamiento espacial importantes para las matemáticas. Practicar destrezas complicadas hasta automatizarlas. A medida que vaya ampliándose el conocimiento de cómo funciona nuestro cerebro en las distintas etapas del desarrollo, seremos capaces de aprovechar mejor todo el potencial que encierra para así conseguir una óptima rehabilitación funcional de las secuelas neurológicas secundarias a lesiones cerebrales.

El retraso psicomotor es un campo de batalla esencial en la práctica clínica de la neurología infantil. Su diagnóstico y rehabilitación. Ver cómo tu hijo en apariencia normal retrasa las etapas de su desarrollo hasta extremos considerados anormales es sin duda una de las experiencias más duras y difíciles de asumir con la que no pocos padres se deben enfrentar. ¿Cuál es la causa del retraso psicomotor? ¿Existieron problemas en el embarazo o en el parto al nacer? ¿Tiene alguna anomalía genética detectable? ¿Se objetiva alguna lesión cerebral en las pruebas de imagen? Un estudio completo que de ser negativo deja a los padres perplejos ante la evidencia de un retraso psicomotor de causa no aclarada, pero con la imperiosa necesidad de un enfoque acertado en la educación especial que deberá seguir su hijo. El caso de los niños con hiperactividad plantea sus propios problemas e interrogantes en ocasiones con respuestas no concluyentes. ¿Se trata de una hiperactividad con problemas de atención que precisa un tratamiento médico, o es simplemente un niño revoltoso o demandante de atención por celos o quién sabe qué otro problema?

Entender al niño; sus pensamientos; cómo percibe el mundo. A medida que el niño adquiere nuevas funciones, cambian las estrategias utilizadas para explorar y comprender el entorno que le rodea. Los investigadores tratan de identificar los factores que influyen en los enormes cambios acontecidos durante las dos primeras décadas de vida. Predecir la conducta; teorías o herramientas esenciales para el estudio del desarrollo del niño que sirven de guía y dan significado a lo que vemos. Pero ¿qué es lo que vemos? La complejidad es tal que no existe una verdad definitiva. Unas teorías se apoyan, otras se contradicen. Aspectos físicos, mentales, emocionales y sociales que resultan imposibles de integrar en una única teoría. El niño, sus problemas y dificultades. ¿Cómo ayudarlo? ¿Qué enseñarle en cada etapa? ¿Cuál es el tratamiento adecuado ante determinadas conductas? La historia nos muestra los vaivenes de un campo por lo general enraizado dentro del pensamiento dominante de su época.

John Locke (1632-1704) veía al niño como una tabla rasa o papel en blanco moldeable con la experiencia. Jean-Jacques Rousseau (1712-1778) sostenía que el niño poseía un sentido natural de lo correcto e incorrecto. Sigmund Freud (1856-1939) imaginó un mundo infantil lleno de conflictos entre sus impulsos biológicos y las expectativas sociales, y partiendo del análisis de sus pacientes adultos, elaboró la teoría psicosexual del desarrollo. Contrapuesto al método psicoanalítico, el conductismo, iniciado por John B. Watson (1878-1958), basa sus fundamentos en el estudio de los acontecimientos observables directamente: estímulos y respuestas. Uno de los psicólogos que más ha influido en el enfoque actual del desarrollo del niño ha sido el suizo Jean Piaget (1896-1980), creador de métodos para entender la manera de pensar de los niños. Veía la mente del preescolar llena de lógica y fantasía, y elaboró la teoría del desarrollo cognitivo del niño dividida en cuatro etapas principales. Actualmente se discute la idea de etapas cognitivas a favor de un acercamiento más continuo del desarrollo. Piaget y tantos psicólogos. Desde el americano G. Stanley (1844-1924), fundador del movimiento del estudio del niño, hasta llegar a las nuevas perspectivas teóricas de la investigación moderna. Entender al niño; la historia continúa.

8. ENVEJECIMIENTO Y CEREBRO

«Llegar a viejo es una tragedia», me interrumpió uno de mis pacientes mientras trataba de explicarle que sus problemas para caminar no se debían a una enfermedad neurológica concreta. Asentí con la cabeza sin atreverme a intentar elevar su estado de ánimo con comentarios optimistas sobre la vejez. Qué etapa vital más complicada, sabia en paciencia, arrugas y recuerdos; tan a menudo asociada a enfermedades, renuncias y limitaciones. La fortuna de envejecer. Asentí con la cabeza. Qué triste y cruel puede llegar a ser alcanzar una edad avanzada sin apoyo ni recursos, y sin embargo, no debemos olvidar que la historia de la humanidad está llena de ilustres octogenarios en plena actividad creativa. Los ojos de Picasso, las manos de Miguel Ángel, las neuronas de Ramón y Cajal, el universo de Galileo, las palabras de Goethe. Impactantes hasta el fin. Sirvan de ejemplo, que no de consuelo, a la hora de enfrentarse a un proceso normal de envejecimiento compartido con todos los seres vivos.

Sólo los organismos unicelulares como las bacterias no envejecen. Su mecanismo de reproducción les reserva una sorpresa: desaparecer. Al dividirse, se convierten en dos nuevos y flamantes habitantes del planeta. El resto de los mortales no tenemos un final tan mágico. Cada especie envejece a una velocidad más o menos predeterminada. Desde el inapreciable declinar de muchos invertebrados y peces que experimentan un crecimiento constante a largo de toda su vida, al lento y gradual envejecimiento de la mayoría de los vertebrados incluidos los seres humanos. Todos envejecemos. Lo que antes era gozo se vuelve fatiga, eso es envejecer, escribe Hermann Hesse. Distintas actitudes frente a un proceso inevitable, pero potencialmente retrasable según nos anima la ciencia.

¿Programados para envejecer?

Pese a que cada especie parece seguir un proceso de envejecimiento propio, y aun cuando en el interior del organismo
debe operar algo semejante a un reloj biológico determinante
del deterioro progresivo de sus células, a pesar de todo ello, las
investigaciones indican que es bastante improbable que existan genes específicos que promuevan el envejecimiento. No
parece haber un programa genético activo para la vejez. Sorprendente papel secundario de los genes que abre indudables
expectativas al potencial retraso en el envejecimiento.

De los pocos días de una levadura, a los 175 años de las tortugas gigantes de las islas Galápagos. Si se excluye el tiempo
pasado en estado de letargo por estos reptiles, el hombre es el
animal más longevo con un tope máximo de vida alrededor de
los 120 años. En los mamíferos, un factor clave en la longevidad parece ser el tamaño del cerebro: a cerebro más grande en
relación con el peso del cuerpo, mayor longevidad. Se calcula
que los primeros homínidos, con un cerebro de unos 400 gramos, vivían como mucho unos 45 años, edad equivalente a la
alcanzada por los actuales chimpancés de peso cerebral similar. El hombre moderno, con un cerebro de unos 1.400 gramos,
dobla dicha edad. Dado que desde hace miles y miles de años
poco ha cambiado el cerebro humano, tampoco ha variado de
modo significativo el límite máximo de edad de nuestra especie. Y es que no hay que confundir conceptos; la ciencia médica ha prolongado considerablemente la esperanza de vida de la
población en las sociedades modernas, no obstante, la duración de la vida permanece fija desde hace milenios. En la mayoría de los individuos, el reloj se detiene sobre los 85 años,
sólo unos pocos sobrevive más, cada vez más, pero el tope
permanece sin sobrepasarse.

El reloj celular

Mucho antes de esa edad excesiva, muchos años antes, comienza el deterioro de nuestro organismo. Sobre los 30 años se ponen en marcha las manecillas de un reloj misterioso. Implacables agujas del destino. Algo endógeno nos conduce a la muerte; descubrirlo representaría un primer paso hacia la eterna juventud.

Hoy sabemos que en el proceso de envejecimiento celular intervienen muchos mecanismos diferentes, los cuales varían en función del tipo de células que componen el tejido de cada órgano del cuerpo y que conllevan una disminución progresiva de la eficiencia biológica de dichos órganos con la consecuente decadencia estructural y funcional que acompaña a la persona a partir de los 30 años. Parece ser que este proceso normal de envejecimiento se produce en todos los órganos del cuerpo y en él participan todas las estructuras y funciones del organismo, aunque con una llamativa variabilidad en cuanto al tiempo en que se ponen de manifiesto y el ritmo al que progresan. Algo queda patente con la simple observación a nuestro alrededor: unas personas parecen superar mucho mejor que otras los estragos de la edad. El envejecimiento es bastante heterogéneo. Comencemos por revisar los distintos mecanismos implicados en el envejecimiento en función de los distintos tipos de células: las que se dividen y las que no se dividen, como las neuronas.

Muchas células del organismo se dividen cada cierto tiempo, así el órgano al que pertenecen se mantiene con unidades celulares renovadas y jóvenes. Órganos eternamente jóvenes de no surgir este contratiempo: la capacidad de las células para dividirse no es infinita. Al parecer el problema reside en la falta de una enzima. Cada una de estas divisiones se realiza gracias a un fenómeno llamado *mitosis*, producido por un programa localizado en los cromosomas del núcleo de dichas células. Y en cada división celular, los cromosomas se acortan al perder un trozo de sus partes terminales. Una enzima se encarga de regenerar esos trozos cortados, pero resulta que en los seres humanos (a diferencia de lo que ocurre en los peces) la actividad de esta enzima está limitada a las células madre, y el resto de células carecen de ella, por lo que, en cada división, se va a producir el correspondiente acortamiento cromosómico. Ello conlleva que las células tengan un número finito de divisiones: entre 50 y 90. Es lo que se conoce como *reloj celular*. Con el tiempo llega la última división y la célula envejece y fallece.

Este proceso no sucede en el cerebro; las células nerviosas dejan de dividirse muy al principio de la vida y están cerca de su número máximo al nacer. El envejecimiento del sistema nervioso trae consigo cambios en todos los niveles: su estructura, su organización y su funcionamiento. ¿Qué cambios dan como resultado la muerte de estas células que no se dividen? De momento sabemos que, con la edad, debido a la pérdida de diversos componentes del citoplasma celular, se produce una disminución del volumen o atrofia neuronal, y las neuronas pierden ramificaciones o dendritas, lo que lleva a una reducción de la superficie sináptica. Asimismo se observa un agotamiento de las enzimas oxidativas. Las causas que desencadenan estos cambios continúan sin aclararse. Entre las sustancias que se han visto implicadas se destacan la teoría de los radicales libres y ciertas hormonas, en particular la DHEA, los glucocorticoides y los estrógenos.

Radicales libres y antioxidantes

El origen del deterioro ocurrido en el organismo con la edad podría estar en unas sustancias conocidas como *radicales libres*, producidas por las propias células durante toda la vida, aunque en mayor medida durante el envejecimiento. Se trata de unas moléculas con un electrón suelto en la periferia de uno de sus átomos, capaz de oxidar y alterar muchas otras moléculas de la propia célula. Radicales libres de oxígeno o compuestos dañinos que producen cambios irreversibles en los principales componentes de la célula. ¿Por qué dañinos? Porque el oxígeno que respiramos es nocivo a largo plazo; imprescindible pero potencialmente tóxico. En condiciones normales, estos radicales libres son neutralizados por otras sustancias, también endógenas, llamadas *antioxidantes*. Durante el envejecimiento hay un aumento de radicales libres en todas las células del organismo, incluidas las neuronas, que los antioxidantes no consiguen neutralizar. A mayor longevidad de la especie, menor producción de radicales libres; y en cambio, parece ser que el papel de los antioxidantes es más secundario al haberse comprobado que la administración diaria de antioxidantes no alarga la vida máxima de la especie, aunque podría acaso prolongar la vida media. La vitamina C es un antioxidante que se encuentra en muchas frutas y verduras. Estudios con administración de dosis muy elevada de dicha vitamina no han objetivado resultados concluyentes, y algunos de estos tratamientos han producido efectos nocivos. Vitamina C, vitamina E, cisteína y otros antioxidantes biológicos como humo de esperanza que se resiste a desvanecerse.

El papel de las hormonas y otras sustancias

Las investigaciones no cesan y se han abierto frentes de estudio en varias direcciones. A partir de los 30 años se observa un claro descenso de la secreción de determinadas hormonas. El nivel de un esteroide suprarrenal, la hormona DHEA, disminuye mucho con la edad; y si bien se ha considerado la hipótesis de su administración como posible terapia antienvejecimiento, los efectos beneficiosos no dejan de lado los efectos nocivos contralaterales de su administración. El debate continúa.

Sigue en estudio el papel de otras hormonas, en particular de los glucocorticoides, también producidos en la glándula suprarrenal, los cuales aumentan en sangre casi linealmente con la edad. Al parecer, influirían de modo negativo en el envejecimiento al provocar un cierto grado de atrofia de las dendritas en las neuronas del hipocampo, lo que reduciría la plasticidad sináptica en procesos como el aprendizaje y la memoria.

Asimismo, desde hace años se investiga la relevancia de los estrógenos en el envejecimiento con la hipótesis de que la administración de estas hormonas en las mujeres tras la menopausia podría hacer más lentos los deterioros funcionales asociados con la edad. Otras series de moléculas producidas en diferentes órganos llegan al cerebro y modulan su actividad. Múltiples líneas de investigación abiertas en relación con la lucha por la supervivencia de las células nerviosas.

Declive funcional

La conversación estaba resultando ágil y animada aunque un tanto caótica en cuanto a fluidez verbal por dos relevantes fallos de denominación: el nombre de la película y el nombre de la protagonista principal. Olvidos compensados a base de comentarios de fondo y descripciones detalladas. Después de enredos y desenredos, todos los presentes teníamos en la punta de la lengua el nombre de esa mujer alta y rubia, de belleza algo clásica e irregular carrera cinematográfica. Saldrá, saldrá… De repente saldrá. Antes no te pasaba. ¿Qué le está ocurriendo a tu cerebro?

Una vez que el proceso de crecimiento ha alcanzado la madurez, se inicia una serie de cambios en la estructura cerebral que se van a traducir en problemas funcionales concretos. Conocerlos es un primer paso para compensarlos.

En el capítulo anterior vimos que la destrucción de neuronas es un hecho prominente durante los estadios iniciales del desarrollo cerebral. Una destrucción que, en tiempos variables, y a una tasa mucho más lenta, continúa sucediendo a lo largo de la vida adulta. Tradicionalmente se admitía que el envejecimiento iba asociado a una pérdida irreversible de neuronas a lo largo de la vida adulta en número que se estimaba alrededor de 50.000 diarias. Hoy se prefiere hablar de cambios más que de pérdidas; cambios distribuidos de modo muy irregular según las zonas del cerebro: unas áreas conservan aceptablemente su situación basal frente a otras mucho más alteradas.

¿Cuáles son estos cambios? Además de la atrofia neuronal y de la reducción del número de sinapsis, la edad conlleva una disminución en la producción de una serie de sustancias químicas necesarias para la comunicación entre neuronas: neurotransmisores y sus receptores, factores de crecimiento, canales de la membrana celular. En el curso del envejecimiento se reduce el peso del cerebro en un 10%, los surcos de la corteza se ensanchan, el flujo sanguíneo cerebral disminuye en un 10-15%. Los vasos arteriales muestran cambios análogos a los del resto del organismo con un aumento del grosor de la pared debido al depósito de calcio, fosfolípidos y ésteres de colesterol. Como consecuencia de ello, los vasos ven reducida su luz y pierden elasticidad, lo que comporta una mayor predisposición a padecer enfermedad aterotrombótica. Las fibras nerviosas verán disminuidas su número hasta un 37% con una reducción de la velocidad de conducción nerviosa del 10%.

¿Cómo se traduce este declive estructural a nivel funcional? Vaya por delante una afirmación: en líneas generales, a pesar del incuestionable descenso en determinadas capacidades físicas y mentales, si las enfermedades nos respetan, nuestro cerebro va a resistir bastante bien el paso del tiempo. Las células nerviosas son todo un ejemplo de supervivencia funcional frente a la edad; resistentes o menos vulnerables que otras células con capacidad de división, las neuronas sobrellevan de modo ejemplar el proceso normal de envejecimiento. El complejo juego de sistemas funcionales mediado a través de neuronas enviándose mensajes, alcanzada la madurez, comienza a debilitarse, sin embargo conservará recursos suficientes para adaptarse a la gran mayoría de cambios que se van a ir sucediendo. Cambios o pérdidas de importancia relativa dada la gran reserva neuronal que encierra el cerebro humano.

Entras en una habitación. Te detienes. ¿Qué ibas a buscar? Con cierto esfuerzo mental probablemente lo recuerdes. O estás tumbada en el sofá. Mañana, después de tu trabajo habitual, planeas ir un rato a la piscina: o coges el traje de baño en ese momento y lo metes en el bolso u olvídate del baño. Estás en el supermercado; decides dejar para el final la compra de una botella de vino: cenarás sin vino.

La pérdida de memoria es una queja frecuente a partir de cierta edad. Olvidos ocasionales entran dentro de la normalidad, fallos repetidos o un bajo rendimiento en las actividades habituales pueden ser el inicio de un cuadro de demencia. El miedo a padecer la enfermedad de Alzheimer, un miedo multiplicado ante la existencia de antecedentes familiares de dicha enfermedad. No hay mejor solución que consultar al médico, quien valorará el problema explorando la memoria y el resto de las funciones superiores. No se preocupe, sus problemas de memoria son por la edad y los síntomas no tienen por qué progresar de modo significativo. O tiene usted una depresión que le provoca un bajo rendimiento por falta de atención, o su caso requiere más pruebas y un seguimiento periódico. En las demencias degenerativas sí que se va a producir una pérdida franca de neuronas. Envejecimiento normal o envejecimiento patológico; tenue línea de separación.

Mientras que en un cuadro de demencia son varias las funciones intelectuales afectadas, con el paso de los años, aunque de modo muy variable según los individuos, probablemente por una reducción progresiva de la rapidez de procesamiento de la información suele disminuir la capacidad para memorizar, adquirir y retener información, recordar nombres, si bien las demás capacidades intelectuales se mantienen relativamente intactas. Hábitos de trabajo bien organizados compensan estos fallos atribuibles al proceso normal de envejecimiento, a diferencia de lo que ocurre en el caso de una demencia, donde el deterioro es progresivo e incapacitante con el tiempo.

Otras funciones cerebrales se ven afectadas con la edad, tanto motoras como sensoriales y de coordinación. La agilidad motora comienza a declinar temprano. De modo casi inapreciable, los movimientos se vuelven menos elásticos, los pasos se acortan y existe cierta tendencia a encorvarse. Al modificarse la arquitectura del sueño, aumentan los despertares nocturnos. En mayor o menor medida, todos los órganos de los sentidos pierden capacidad de respuesta. En edades avanzadas las caídas son frecuentes; múltiples factores pueden ser la causa, entre otros, los problemas visuales, los fallos de equilibrio y la disminución de los reflejos posturales o efectos adversos de ciertos tratamientos farmacológicos como la hipotensión ortostática y el parkinsonismo secundario.

Envejecer con controles regulares del médico de cabecera. Llegar a viejo puede ser una tragedia; como sociedad tratemos de evitarlo.

Prepararse para envejecer

Siendo el tiempo nuestro medio vital por excelencia, habríamos de saberlo respirar como el aire, nos recuerda María Zambrano. Ese modo de vivir en tres tiempos, ese caminar hacia la muerte mientras envejecemos con conciencia de presente entre un pasado y un futuro que se acorta, ese privilegio mental exclusivo de la especie humana, supone todo un dilema para nuestro cerebro: ignorar lo que nos espera o prepararse para envejecer.

La vejez es una experiencia individual e intransferible. El modo en que cada persona vive el paso del tiempo depende, entre otros parámetros, de sus gustos, necesidades y entorno. Vivir de la contemplación y del pasado o mantenerse activo y con proyectos. Cada cual sabrá como enfocar su vida. No obstante, los científicos intentan encontrar aspectos concretos que ayuden a la población a retrasar el envejecimiento evitando en la medida de lo posible la aparición de enfermedades. Vivir adaptados e independientes. Envejecer con éxito.

Los habitantes de Okinawa, una isla de Japón, no poseen el secreto de la inmortalidad, pero su longevidad es llamativa. Entre los rasgos característicos de su estilo de vida es destacable que consumen menos calorías que el resto de la población japonesa. Estudios en ratas y monos apoyan lo que ya se intuía desde la antigüedad: una dieta equilibrada, con un 30-40% menos del aporte calórico habitual, logra el milagro de hacer más lento el proceso de envejecimiento. También se ve reducido el riesgo de padecer enfermedades asociadas con la edad como la diabetes o la patología vascular. Vivir más y mejor comiendo menos, algo tan simple y al mismo tiempo tan complicado en las actuales sociedades de consumo. Mientras la ciencia continúa investigando con el fin de confirmar las evidencias sobre el beneficio de la restricción calórica, disfrutemos del placer de una dieta equilibrada procurando no sobrepasar las 1.800 calorías diarias. Con excepciones y sin obsesiones; que por alargar unos años la vida no suframos la tortura de vivir.

Sin necesidad de trasladarnos a Japón, observemos a nuestro alrededor. La apariencia en cuanto a la edad biológica de las personas está cambiando; como si hubiésemos retrasado en unos años el envejecimiento no sólo de la última etapa vital, sino también de edades más tempranas. Entre conflictos, excesos y sobrepesos, algo está funcionando a favor del individuo en las sociedades llamadas del bienestar social.

Genes y medio ambiente en interacción constante. Finalizado el rígido programa genético que gobierna la etapa del desarrollo, comienza la diversidad. Mientras unas personas parecen viejas de modo prematuro, otras se conservan jóvenes ya mayores. Dado que el genoma contribuye a la longevidad en una proporción pequeña estimada en un 20-30%, el estilo de vida adquiere un papel determinante. Factores internos y factores externos. ¿Podemos soñar con pastillas milagrosas? Podemos, pero como sostiene Francisco Mora en su libro *El sueño de la inmortalidad*, no parece factible que un único factor extrínseco sea capaz de cambiar o reequilibrar el complejo proceso de envejecimiento. Las únicas intervenciones posibles que pueden producir cambios fisiológicos beneficiosos en el organismo envejecido son aquellas promovidas desde nuestro interior.

Alimentación, ejercicio físico, ejercicio intelectual: los tres pilares de la longevidad. Una gran variedad de dietas saludables, restricción de la ingesta calórica, mucha mesura con el alcohol, desterrar el tabaco y otros tóxicos. Disminuir los hábitos sedentarios, andar o correr con moderación todos los días como ejercicios aeróbicos beneficiosos no sólo al mejorar el riego sanguíneo cerebral e influir positivamente sobre factores que aumentan el riesgo de enfermedades vasculares, sino porque además esta actividad puede actuar directamente sobre neuronas motoras y también de áreas relacionadas con la emoción, motivación, memoria y aprendizaje. Hoy se estudia la hipótesis de que el ejercicio físico regular pondría en marcha genes que se mantenían inactivos y que a través de la síntesis de determinadas proteínas participarían en el crecimiento de ramas dendríticas de las neuronas para establecer sinapsis. Pero ante todo, un recurso interno va a resultar esencial: la capacidad de emocionarse como motor de juventud. La energía de vivir. Jubilarse temprano, dedicarse a leer el periódico y pasear es una opción más que respetable, pero si se pretende continuar disponiendo de un cerebro ágil y eficaz es preciso mantenerlo activo. Conservar la curiosidad intelectual como nos aconsejó con el ejemplo Santiago Ramón y Cajal, que continuó develando misterios del cerebro hasta el último día de su vida, cumplidos los 82 años. Y es que la plasticidad neuronal disminuye con los años, pero no llega a perderse. Aprender, crear, imaginar, no sólo sigue siendo posible, sino que se convierte en un arma indispensable para no perder facultades. Aunque con los años el aprendizaje de nuevas habilidades resulta más difícil y requiere más tiempo y esfuerzo, no cabe duda de que aprender cosas nuevas favorece la proliferación de conexiones sinápticas, con lo que el cerebro mejora su calidad funcional. Un cerebro menos flexible que requiere entrenamiento y una estimulación apropiada a fin de seguir rindiendo adecuadamente. Establecer nuevas estrategias de aprendizaje sin delegar en exceso en la memoria y confiar en el potencial que aún encierran unas neuronas atróficas y con los sistemas de comunicación mermados, pero infatigables y eficientes, fieles protectoras de su individualidad. Personalidades únicas, resistentes. Virtudes y defectos incluidos.

Mientras me contaba, sin disimular su desesperación, las tensiones y dificultades de relación con su querida madre, la paciente adivinó mi perplejidad y mis pensamientos (¡pero si su madre debe haber superado los cien años teniendo en cuenta su edad!). «¡Es que usted no conoce a mi madre!» Fuego en el cuerpo; Kathleen Turner.

9. EL DON DE LA PALABRA

A través de su mirada capté su estado de desconcierto. No, no era un mal sueño. S.G., de 60 años, mujer inteligente y tranquila, dedicada a su vida familiar, de modo repentino se había quedado prácticamente muda; apenas era capaz de pronunciar algunos monosílabos aislados. Traté de transmitirle confianza mientras la exploraba. Parecía entenderme. Apriéteme la mano, cierre los ojos. Órdenes sencillas a las que respondía correctamente. Al menos en parte conservaba la capacidad de comprensión del lenguaje hablado. El scanner craneal confirmó el diagnóstico: un infarto cerebral que abarcaba la región infero-posterior del lóbulo frontal izquierdo, el área de Broca.

Extraordinaria forma simbólica de representación: la palabra, instrumento de comunicación social e interno, fundamento del pensamiento y la reflexión. Hablamos con tanta naturalidad, aprendemos la lengua materna con una facilidad tan asombrosa, que apenas somos conscientes de lo que significa para nuestras vidas. ¿Qué seríamos sin lenguaje? No podremos comprendernos a nosotros mismos ni a nuestro mundo hasta que no conozcamos con profundidad qué es el lenguaje y lo que ha hecho por nuestra especie, así resume el lingüista Dereck Bickerton el sentir de los que se dedican a una actividad mental superior de tal complejidad que en los últimos años se han desarrollado subespecialidades a partir de diversos campos para tratar de abordar su estudio desde todos sus ángulos: neurología, psicología, lingüística, filosofía, antropología. De su interconexión surgirán respuestas a cuestiones de gran relevancia que, sin duda, contribuirán a completar el mapa actual del procesamiento cerebral del lenguaje. Cómo producimos las palabras, cada nueva frase, el mecanismo de selección, cómo entendemos lo que nos dicen. En definitiva, cómo nuestro cerebro hace posible la comunicación. Dos son los objetivos clínicos básicos: las afasias o trastornos del habla secundarios a una lesión cerebral y las dislexias o dificultades en el aprendizaje de la lectura. El lenguaje: oral y escrito. Hablar, entender, escribir, leer. Sin olvidar la comunicación por señas, eficaz y tanto o más creativa alternativa en el caso de los sordos de nacimiento. El lenguaje o representación simbólica del mundo mediante la utilización de sistemas auditivos o visuales. Palabras y gestos en sustitución de objetos, sujetos, conceptos, ideas, deseos. La Luna. Los símbolos. Las alas de la condición humana.

Del fonema a la palabra

Muchos animales son capaces de comunicarse entre sí mediante vocalizaciones y gestos. Cada vocalización con su significado correspondiente. Ira, júbilo, miedo, deseo sexual: expresiones instintivas reconocibles por los miembros de la misma especie. Un sencillo o no tan sencillo lenguaje emocional destinado a reflejar la sensación del momento. Posiblemente así fue como empezaron a hablar nuestros antepasados; con gritos de gorila enamorado. O tal vez, al quedar liberadas las manos con la postura erecta, el principio de la comunicación humana fueron los gestos. O ambos modos de expresarse al mismo tiempo. En el fuego de las cavernas arden las respuestas al nacimiento de nuestras primeras discusiones dialécticas.

El caso es que, en determinado momento, el hombre primitivo dio un giro de enorme trascendencia para su futuro como especie: quitándoles su sentido en sí, comenzaron a enlazar sonidos para formar palabras con significado. Quedaba así trazado el camino del lenguaje simbólico. Una utilización creativa de los sonidos en diferentes combinaciones. ¡Qué paso más difícil de imaginar para un cerebro al que se le supone en sus inicios como ente inteligente! Inimaginable hasta el punto de plantearse la posibilidad de que las estructuras cerebrales apropiadas para la aparición del lenguaje humano pudieron desarrollarse como consecuencia fortuita de la evolución de otras facultades más directamente ventajosas de cara a la supervivencia. Azar en el desarrollo de una corteza cerebral cada vez mayor, o necesidad como animales sociales de ir más allá de la mera expresión emocional. Recorriendo más o menos pasos intermedios, un buen día nuestros antepasados se pusieron de acuerdo en la elaboración de un código a través del cual poder transmitirse órdenes e ideas. Diferentes combinaciones de sonidos, diferentes palabras. Una genialidad exclusiva de la especie humana. Afirmación puesta en cuestión por unos cuantos primates aplicados: chimpancés, en concreto, del grupo de los bonobos, con especial habilidad para aprender a comunicarse.

Los primates, un camino natural si se quiere tratar de averiguar los inicios del lenguaje humano. Infatigables investigadores enfrentados a los límites de su propia tenacidad en busca de unas cuantas palabras. Años de adiestramiento con logros y decepciones. Al descubrirse que la anatomía del tracto vocal de los chimpancés simplemente no está adaptada para producir la compleja escala de sonidos humanos, los esfuerzos se recondujeron hacia la enseñanza del lenguaje de signos empleado por los sordos. Y aprendieron. Sometidos a un arduo programa de entrenamiento, los chimpancés han demostrado ser capaces de aprender un lenguaje cercano al de un niño de dos años. Ello implica que disponen de mecanismos cerebrales potencialmente aptos para asociar objetos con los nombres correspondientes. Verlo para creerlo. Pero la comunicación humana va mucho más allá; no sólo consiste en conocer el significado de las palabras, sino que éstas se deben combinar correctamente mediante la utilización de unas determinadas reglas englobadas dentro de la semántica y la sintaxis. Sin olvidar otro importante componente de la expresión humana: la prosodia o capacidad de modular la voz a fin de poner énfasis y matices emocionales. Tras años de adiestramiento intensivo, no hay pruebas de que los primates puedan recombinar palabras para expresar diferentes ideas; se cree que sólo alcanzan a desarrollar un lenguaje agramatical imitativo y mecánico, no creativo. Recientes estudios basados en la comprensión apuntan a algo más alto, si bien en la actualidad la opinión mayoritaria sostiene que la capacidad del desarrollo del lenguaje del chimpancé llega hasta cierto punto y luego se detiene. O quizá sea cuestión de una mayor motivación por parte del animal y más y más paciencia por parte del adiestrador, como sugiere el neurofisiólogo William H. Calvin en su libro *Cómo piensan los cerebros*.

La gramática universal

Los sonidos que componen las palabras se llaman *fonemas*: distintas secuencias dan lugar a distintas palabras. Cada uno de los lenguajes del universo utiliza su propio conjunto de fonemas. Hace unos 500.000 años, determinados cambios en el tracto vocal de nuestros antepasados hicieron posible la producción de una compleja gama de sonidos. Al dispersarse y quedar aislados geográficamente, cada grupo desarrolló sus particulares sistemas de sonidos: hasta 13 docenas de vocalizaciones diferentes que pueden disponerse en un número prácticamente infinito de combinaciones. Si todas las lenguas utilizaran los mismos fonemas... Bendita ilusión. Las barreras a la hora de aprender un idioma quedarían limitadas al estudio del léxico y la gramática. Vocabulario y estructura. Determinadas reglas regulan la combinación de fonemas para formar

palabras, y de palabras para formar frases. Pero en la gramática no reside el principal obstáculo. Y es que, como veremos, la adquisición de una sola de estas estructuras nos reserva un gratificante valor añadido.

Brillante. Tanta diversidad de idiomas y resulta que todos ellos comparten muchas similitudes en cuanto a sus reglas gramaticales. Se cree que el lenguaje surgió de una vez; en África, hace unos 100.000 años. El hecho de que todos los idiomas humanos presenten tantas características comunes apoya esta opinión. Probablemente, todos los lenguajes humanos evolucionaron de este primer lenguaje ancestral: nuestro primer lenguaje.

El lingüista Noam Chomsky fue el primero en resaltar que entre las distintas estructuras de las lenguas humanas existían más similitudes que diferencias. Toda una revolución conceptual que con el tiempo se ha ido imponiendo: la gramática universal. Ello implica la existencia de cierta base genética del lenguaje que no equivale a decir que existe una gramática mental de origen exclusivamente innato. No exactamente. Es como si nuestro cerebro dispusiese de una especie de programa biológico neuronal predeterminado que le confiere la facultad de cazar al vuelo las gramáticas del entorno durante los primeros años de vida sin necesidad de un aprendizaje explícito. Nuestros antepasados fueron modelando el lenguaje simbólico e inventaron la sintaxis. De alguna manera, todos los idiomas encierran esos primeros y decisivos pasos de la humanidad: las reglas compartidas. En poco más de tres años, el niño aprende lo que debió de costar a la especie humana miles y miles de años. Sin esfuerzo, sin necesidad de un aprendizaje directo, con sólo escuchar las palabras de su entorno, al año de vida el niño comienza a decir palabras, a los 18 meses ya las combina y a los tres años posee una amplia capacidad lingüística; un milagro de la evolución, aunque, por desgracia, un milagro temporal, pues al año de vida los niños pierden la posibilidad de distinguir muchos sonidos no incluidos en el idioma en el que se han criado, y pasado un determinado período crítico, estimado sobre los seis años, la habilidad lingüística comienza a esfumarse. Después de la pubertad, la facilidad –o más propiamente, la dificultad– para aprender una segunda lengua varía considerablemente de una persona a otra. Con tiempo y mucho tesón, por lo general se puede alcanzar un buen nivel de competencia, pero... ¿quién no ha sufrido las casi insuperables barreras de los fonemas extraños a su lengua materna? Y es que los fonemas que no escuchamos entre biberones, se mezclan, escondidos, se confunden, ni se oyen.

Aprender o adquirir. Ventanas de oportunidad. Las ventajas de ser bilingüe son objeto de estudio y asombro por parte de los lingüistas que observan ese ir y venir de un idioma a otro y se preguntan cómo se las apaña su cerebro para organizarse entre ambas opciones casi sin cometer errores. ¿Existen dos sistemas neuronales diferentes o uno compartido? Tal vez, los dos idiomas se organicen mediante un sistema combinado sin que estén unidos ni separados por completo. El estudio en pacientes con trastornos del lenguaje secundario a lesiones cerebrales ha aportado y seguirá aportando mucha luz a tanta complejidad.

Hablan los pacientes

Me alegré de volver a verla. La misma mirada, noble y serena, ya sin miedo. Habían pasado tres meses desde el alta hospitalaria. Era el momento de comprobar su evolución clínica y valorar los recursos o plasticidad de su cerebro estimulados y dirigidos por las sesiones de logopedia que había estado siguiendo en su lugar de residencia. Hablaba, hablaba aunque con escasa fluidez, utilizando palabras sencillas: nombres, algún verbo, casi sin artículos ni preposiciones, un lenguaje telegráfico no gramatical, articulado con cierta dificultad y una entonación pobre, sin las inflexiones habituales. Pero ya era capaz de comunicarse y responder a mis preguntas. ¿Cómo se encuentra? «Bien, bien. Gracias.» Cada nueva palabra, un esfuerzo añadido. Pero hablaba. Mujer práctica y generosa, parecía contenta y esperanzada. El scanner de control que aportaba mostraba la misma lesión cerebral: un infarto o tejido muerto que ya no recuperaría aunque su lenguaje fuera mejorando. Poco a poco, su mente encerrada en un mundo sin palabras volvía a poder expresarse.

En las afasias motoras o trastornos del lenguaje por fallo en la producción de las palabras –debidas a una lesión en la zona de la corteza cerebral donde se generan, almacenan y escogen los símbolos representativos de lo que queremos expresar–, es decir, en las lesiones que afectan exclusivamente las áreas encargadas de los procesos centrales de la expresión, en las afasias motoras, las preguntas se entienden, pero las respuestas orales y escritas son muy pobres. Asimismo, los gestos suelen quedar mermados.

Durante el rato que duró la visita, teniendo en cuenta que, por norma general, en este tipo de afasia el paciente es consciente de su déficit y sufre al sentirse impotente ante sus errores, procuré explorarla sin que la entrevista pareciera un examen. ¿Cómo había pasado esos tres meses? «Bien, bien.» Entre ella, su hija y mis preguntas dirigidas, recompuse el cuadro de sus días sin lenguaje.

A pesar de que el pensamiento, o ese hablarse a uno mismo, se queda de repente sin palabras, de algún modo se mantiene la personalidad, y aunque las funciones no verbales no se ven alteradas, la inteligencia permanece, como en retaguardia, a la espera de una hipotética recuperación de su herramienta más preciada: el lenguaje. Eso parecía haberle ocurrido a mi paciente. Continuaba realizando parte de sus actividades domésticas, cocinaba, se orientaba correctamente. El aprendizaje o la recuperación de la lengua perdida resultaba desesperadamente lento, pero gracias a su carácter y el apoyo recibido por su familia se tomaba con calma su nueva situación y acudía a las clases de logopedia con la ilusión de recuperar paso a paso el vocabulario que sentía extraviado en su interior.

Le pedí que escribiera una frase, pero ante las evidentes dificultades opté por cambiar de prueba. Copiar una casa. Sonrió al terminar el dibujo; correcta capacidad constructiva. Le insistí en que continuara con la rehabilitación y que se esforzara en hablar con su familia y amistades. Leer, mantenerse intelectualmente activa en la medida de lo posible. Su cerebro necesitaba estímulos, en especial, durante el período de tiempo en que era potencialmente posible recuperar parte de la función dañada. Aún quedaban meses para la esperanza y la mejor señal era su lenta pero clara mejoría progresiva.

Revisamos la medicación que debía continuar tomando, así como las medidas preventivas aconsejadas para evitar la repetición de un nuevo infarto cerebral. Después de programar la siguiente visita de control, nos despedimos.

Cada paciente afásico es un pozo de respuestas a las incontables preguntas que se plantean en el estudio del lenguaje. Pero es preciso adentrarse hasta el fondo y saber observar. Escuchar. Imaginación y genialidad; capacidad de análisis. Pasión por el estudio. De maestro a maestro; de Vygotsky a Luria. A través de su extensa obra, Alexander R. Luria (1902-1977) nos enseña el camino para avanzar en el conocimiento del procesamiento cerebral del lenguaje: el paciente afásico.

Tres hijos y una madre viuda entran en mi consulta en busca de una segunda opinión. «Nos dijeron que mejoraría con el tiempo, pero no, peor, al principio se la entendía algo, ahora habla y habla, pero no hay quien la entienda»; «vive sola y nos resulta imposible hacerla entender que debe ingresar en una residencia. No lo entiende o no quiere entenderlo. A veces parece que ha perdido el juicio, otras no, no tanto. Encima se enfada, si no la entiendes, encima se enfada»; «una hemorragia cerebral, nos dijeron que mejoraría, y ya ve».

Observar, escuchar, ser médico. Y ya ve. Los tres hijos dirigieron sus miradas hacia la madre, quien mantenía su propia conversación. Su lenguaje era fluido, la entonación correcta, las palabras: un chorro de palabras al viento. Unas frases parecían entenderse, y de repente, imposible, como si se inventara palabras, neologismos, nuevos términos, parafasias o cambio de sílabas dentro de una determinada palabra. ¿Qué nos estaba queriendo decir? Al cabo de un rato se calló. ¿Cuántos hijos tiene? Una simple pregunta a la que respondió con otra larga hilera de palabras sin aparente sentido. Levanté la mano, orden que ignoró y vuelta a enredarse en su propia telaraña de palabras. Afasia sensitiva, apunté en la historia clínica.

Descrita por Wernicke en 1874, a diferencia de la afasia motora, la afasia sensitiva se caracteriza por este tipo de lenguaje, tan fluido como caótico, que acarrea consigo una conducta en ocasiones difícil de distinguir de un cuadro de demencia o deterioro cognitivo progresivo. El paciente se muestra incapaz de mantener una conversación coherente, no reconoce sus fallos, ni es consciente de su problema. La comprensión del lenguaje está alterada y su mente no acierta a comunicar la idea que desea expresar, pese a que el área motora del lenguaje no esté alterada. La falta de comprensión va asociada con una producción de palabras desprovista de significado. Algunos afasiólogos creen que estos pacientes tienen en su mente las palabras que buscan, pero que les es imposible acceder a ellas para producirlas. Sobreproducción de un lenguaje vacío. La lesión cerebral que provoca este tipo de afasia sensitiva se localiza a nivel posterosuperior de la región temporal; áreas de la corteza cerebral donde se reciben y asocian las señales auditivas, y también visuales en el caso de lesiones más extensas, donde se ven alteradas además de la compresión oral, la escrita.

Afasia motora, afasia sensitiva, o afasia global si el daño

cerebral abarca las distintas áreas corticales del lenguaje. A partir de esos dos principales modelos, cada paciente presenta sus propias particularidades, existiendo además otros cuadros clínicos reconocibles, como las afasias de conducción con afectación del fascículo que une el área de Broca con el área de Wernicke. En ocasiones, los pacientes parecen mezclar una y otras características sin que nos atrevamos a incluirlos en ningún patrón concreto; pacientes que abren interrogantes sobre el campo de las afasias y las excesivas simplificaciones al enfrentarnos al milagroso mundo de la palabra. Hablar, escribir. Dos facultades que han seguido su propia evolución.

La palabra escrita

Mucho más reciente que el lenguaje hablado, la aparición –hace unos 6.000 años– de la escritura y la lectura dio un gran impulso a los seres humanos como colectivo. La invención del alfabeto. Símbolos escritos en representación de los sonidos que nos permiten transmitir y preservar conocimiento de generación en generación. La palabra escrita como gran impulsora de la cultura. Pero a diferencia del lenguaje oral, aprender a leer y a escribir requiere años de escolarización. Lo más probable es que los mecanismos neuronales que participan en la lectura y escritura no hayan evolucionado específicamente para estos propósitos. Aprender símbolos escritos que designan fonemas, sílabas y palabras puede resultar un juego o un serio trastorno en el desarrollo del niño.

Y es que la dislexia es un problema frecuente que puede conducir al fracaso escolar si no se detecta en su momento y se intenta corregir mediante un programa de aprendizaje individualizado. Su diagnóstico no siempre es sencillo debido a las amplias variaciones dentro de la normalidad motivadas por factores sociales y culturales. Conocer cómo se organiza el procesamiento normal de la lectura y la escritura en el cerebro es un tema indispensable para el enfoque tanto de la enseñanza en sujetos normales como en niños con problemas de aprendizaje. En principio, escribir es una tarea más difícil que leer, puesto que para la lectura existen dos rutas alternativas: la ruta de la decodificación fonológica y la ruta del reconocimiento de las palabras completas. Existen distintas técnicas en el aprendizaje de la lectura; un sistema fónico o basado en sonidos individuales, mientras que otros sistemas tienen más presente el lenguaje en su totalidad; la forma visual de la palabra. Por lo general, nos valemos de ambas rutas a la vez. Combinar los dos sistemas parece lo apropiado.

Cuando un niño presenta una dificultad inesperada en el aprendizaje de la lectura y ortografía, con un coeficiente de inteligencia normal y sin que exista una sordera o un problema visual condicionante, probablemente estemos ante un niño con dislexia. Pero las dificultades en el aprendizaje de la lectura son muy heterogéneas; en unos casos al niño le cuesta procesar el sonido, presentando una dificultad especial a la hora de asociar las letras con los sonidos que representan; en otros casos, el problema se encuentra en el procesamiento visual. Se ha sugerido que la dislexia podría ser el resultado de anomalías de conexión entre áreas visuales y del lenguaje. Año tras año se avanza en el conocimiento de las dislexias, pero aún quedan muchos aspectos por aclarar. Se postula que el problema arranca en la segunda mitad del embarazo, cuando se desarrollan las áreas lingüísticas y se forman grupos de células nerviosas mal conectadas o ectopias. Una propensión posiblemente genética aunque no se han identificado los genes que intervienen. Se considera que esta organización mal conectada podría ser la causante de las dificultades en el procesamiento rápido de las señales que se reciben; problemas visuales o auditivos que plantean un enfoque rehabilitador apropiado para cada subgrupo de dislexia. Quién sabe si con el tiempo la magia innata en la adquisición del lenguaje oral alcanzará a la lectura y escritura. Cerebros predispuestos a la comunicación sin fronteras. De herencia en herencia, llegará el día.

La máquina del lenguaje

El escritor Vargas Llosa, en sus lecciones magistrales sobre el arte de escribir, resalta la necesidad del talento innato para luego apiadarse de sus oyentes y añadir: «lo más difícil ya lo consiguieron ustedes; aprendieron a hablar».

A los seis años un niño conoce unas 13.000 palabras. Un adulto educado comprende y utiliza al menos unas 60.000; un flujo de lenguaje casi perfecto. Reconocemos y encontramos la palabra que necesitamos prácticamente en el acto y con escasas equivocaciones. La máquina del lenguaje es capaz de entender palabras y generarlas con una eficacia inexplicable. Casi sin darnos cuenta, mientras hablamos estamos empleando una complejísima batería de conocimientos lingüísticos: reglas gramaticales, significado de las palabras... además de elegir la entonación apropiada. Las palabras se seleccionan de un léxico o diccionario mental. ¿Dónde se localiza? ¿Cómo se organiza? ¿Cómo accedemos a él? Para todo ello se requiere una memoria asombrosa. ¿Cómo interaccionan las diversas facultades de la inteligencia que intervienen en los procesos del lenguaje? Desde una conversación sencilla hasta la exposición de ideas complejas: el don de la palabra.

Algunas lesiones cerebrales provocan problemas de lenguaje y otras no. Siguiendo este camino se ha llegado a establecer un mapa del procesamiento cerebral del lenguaje. Adentrarse en el interior de la máquina y tratar de explicar su funcionamiento. El modelo de Wernicke-Geschwind, con todas sus limitaciones, sigue siendo de gran utilidad clínica y nos aproxima al procesamiento cerebral del lenguaje a fin de seguir avanzando en el conocimiento de esta función tan precisa como creativa.

En resumen, a través del sistema auditivo, las palabras que escuchamos llegan al núcleo geniculado medial del tálamo. Desde allí viajan a la corteza temporal auditiva, que a su vez está conectada con una zona específica de asociación auditiva, visual y táctil. Luego la información pasa al área de Wernicke, encargada de la comprensión de las palabras; y después, a través del fascículo arqueado, llega a la corteza frontal, concretamente al área de Broca y a otras zonas motoras adyacentes que controlan la producción motora del lenguaje. Aquí quizá se almacenen tantos tesoros que hace falta mucha imaginación si se quiere continuar investigando: los programas motores para producir palabras, la memoria para su correcta vocalización, los patrones de sonido de la frase, el diccionario mental.

Las nuevas técnicas de imagen que estudian el cerebro en acción han contribuido a verificar las reglas básicas de localización. No obstante, ciertos hallazgos apoyan las teorías modernas acerca de una activación cerebral más extensa que la previamente expuesta y la existencia de cierta variabilidad de una persona a otra en relación con las áreas responsables de determinadas funciones lingüísticas. De hecho, desde el punto de vista histológico, los centros, considerados esenciales para el lenguaje, no se diferencian de sus zonas vecinas, lo que plantea ciertas dudas sobre su especialización y exclusividad. A medida que las investigaciones avanzan, el conocimiento es cada vez mayor pero también su complejidad.

Más allá de estas dudas, queda claro que una extensa red participa en el procesamiento del lenguaje. Se ha visto que son múltiples las conexiones entre las distintas áreas corticales implicadas, y entre éstas y determinadas áreas subcorticales. Además, a través del cuerpo calloso el hemisferio izquierdo, dominante y responsable del lenguaje en el 97% de las personas, conecta con el hemisferio derecho, el cual participa en la comunicación de los sentimientos y emociones siendo el encargado de la entonación de las frases o prosodia. Por otro lado, en casos de lesiones cerebrales ocurridas en la infancia, sucede algo de enorme relevancia: el hemisferio hasta entonces no dominante puede llegar a suplir al hemisferio dañado y asumir gran parte de las funciones del lenguaje con sorprendente éxito; el milagro de la plasticidad. Una plasticidad neuronal que permite que se establezcan nuevas conexiones tras la lesión y se facilite una cierta recuperación aun en edades avanzadas.

Han pasado varios años y siempre que entra en mi consulta me alegro de volver a verla. Su capacidad lingüística no es la que era antes del infarto cerebral; pero quizá por su carácter, quizá por un deseo personal de verla recuperada, en cada nueva visita tengo la impresión de que se expresa con más fluidez. Su recuperación, lenta e incompleta, le permite comunicarse sin demasiados problemas. Mientras podamos entendernos.

10. EL MUNDO A TRAVÉS DE LOS SENTIDOS

«No siento nada.» Sólo entrar en la consulta y sentarse. «No siento nada»; escueta y tajante, joven y sin problemas físicos aparentes. Me quedé unos segundos desconcertada. ¿Dónde? ¿Dónde no siente nada? Era la pregunta más lógica y, sin embargo, ya fuera por intuición femenina, ya por experiencia profesional, el caso es que opté por dejarla hablar. Pero la paciente permanecía callada. De repente, caí en el error. Un error nominal. Su intención era consultar a una psicóloga especialista en relaciones de pareja que comparte conmigo apellido y amistad.

No sentir nada y mantenerse consciente. Únicamente una lesión a nivel de la médula cervical puede dejarnos sin sentir nada del cuello hacia abajo; insensibles e inmóviles si la sección medular es completa. Y es que el sistema de cables que entran y salen del cerebro se concentra en el tronco encefálico inmediatamente unido a esta parte alta de la médula. Un complejo sistema de vías nerviosas sensitivas y motoras imprescindibles para que el cerebro reciba información del entorno y envíe órdenes. Mover la mano para coger un objeto, salir corriendo, acariciar el pelo de un amante que se está quedando calvo. Sentir el mundo, reinventarlo. Porque, como veremos, nuestro cerebro es mucho más que un simple receptor de información; transforma en actividad neural las diferentes señales o energías que recibe del exterior, las disecciona en sus principales componentes, las analiza por separado y posteriormente las integra seleccionando el resultado final que considera apropiado para la situación en función de su experiencia previa. En base a ello, es tan cierto como apasionante que cada cerebro, a través de los sentidos, construye su propio mundo. El mundo es mi representación, decía el filósofo Arthur Schopenhauer (1788-1860), argumentándolo con la enorme convicción y solidez de su pensamiento mucho antes de que la ciencia hubiera develado gran parte de los mecanismos implicados en la codificación cerebral de las señales recibidas del exterior. La visión de un paisaje, una obra de arte, la música, el placer de un buen vino, el roce de una sábana. Los cinco sentidos. Comencemos por el más precoz en desarrollarse: el tacto, y adentrémonos en una de sus funciones esenciales: la capacidad para reconocer nuestro propio cuerpo.

El hemicuerpo ajeno

Esa mañana me encontraba con tiempo y ánimo propicio para aleccionar al residente que rotaba en formación a mi cargo. La existencia actual de pruebas diagnósticas tan inocuas y precisas no debe hacernos olvidar la herencia más preciada de los grandes maestros de la neurología: la localización de la lesión a través de la exploración física. ¿Dónde se localizaba la lesión del paciente al que mi residente acababa de solicitar un scanner craneal urgente? En el hemisferio cerebral derecho, me respondió. ¿En el tálamo o en la corteza parietal? Dudó. Despejemos sus dudas.

Se trataba de un paciente de mediana edad, obeso e hipertenso, empresario y padre de tres hijos. No parecía preocupado. Me contó lo ocurrido sin errores de lenguaje. La noche anterior, mientras cenaba, se había sentido mareado. Al irse a acostar le costó tanto ponerse el pijama que su mujer se asustó y avisó a una ambulancia. «Ya se encuentra mejor, si pudiera ser dado de alta esta misma mañana, los negocios no esperan», comentó esbozando una agradable sonrisa que le devolví mientras iniciaba la exploración. Efectivamente, como me había comentado el residente, presentaba una dudosa y, en todo caso, muy leve hipoestesia o disminución de la sensibilidad táctil en sus extremidades izquierdas. Pero la exploración de las funciones sensitivas no había hecho más que empezar. Cogí dos agujas desechables y, sin llegar a pincharle, las coloqué simétricamente una en cada antebrazo del paciente; sólo notó la aguja en el lado derecho. Inatención sensitiva, comenté en alto. A continuación le solicité que mantuviera los ojos cerrados y le coloqué unas llaves en su mano izquierda: se mostró incapaz de identificarlas. Presenta una severa asteroagnosia, resalté preocupada. Ya puede abrir los ojos. Ahora con la mano derecha tóquese las extremidades izquierdas. Y, ante la expresión de sorpresa del residente, el paciente no acertó en la búsqueda. Levantaba la mano y tocaba la almohada, volvía a levantarla y otra vez se perdía por el camino. No existían dudas en cuanto a la localización de la lesión: presentaba un síndrome parietal derecho incluyendo cierta incapacidad para reconocer parte de su propio cuerpo o asomatognosia. El scanner craneal confirmó la existencia de un infarto cerebral agudo al nivel de la corteza parietal.

El sentido del tacto; un sentido que va mucho más allá del simple roce, puesto que nuestro sistema somatosensorial procesa distintas sensaciones. De algunas somos conscientes, como la presión o el dolor; de otras no, como la sensibilidad posicional y vibratoria. Otras modalidades son tan sutiles como las que acabábamos de explorar; sensibilidades que corresponden a aspectos discriminativos e integrativos de la sensación táctil, cuyo defecto traduce una disfunción de carácter superior a cargo de la corteza parietal. En dicha corteza se encuentra representado un mapa topográfico del propio cuerpo para cada tipo de sensibilidad, cuya extensión es proporcional a la riqueza de inervación sensitiva de cada zona corporal. Un dedo desproporcionadamente grande con respecto al resto del cuerpo representado a nivel de la corteza parietal. A fin de entenderlo con claridad es preciso retroceder al inicio del proceso: los receptores de la piel.

Por toda la superficie cutánea se extienden los receptores cutáneos u órganos encargados de captar los diferentes estímulos sensitivos y transformarlos en impulsos nerviosos. En la punta de un dedo humano hay alrededor de cien receptores táctiles por cm^2, tres o cuatro veces más que en la palma de la mano. En la espalda, la densidad de receptores es aun menor. A medida que se incrementa un estímulo, mayor es la frecuencia de disparo del receptor. Estímulos mecánicos, térmicos o químicos que provocan distintas sensaciones y estímulos nocivos, como la presión intensa o la temperatura extrema que activan selectivamente los nociceptores o receptores sensoriales especializados en el dolor. Actualmente se sabe que estos receptores se activan cuando una célula dañada segrega una sustancia denominada ATP, cuyas moléculas se ligan a los nociceptores desencadenándose la señal de alarma. El dolor como aviso de que una parte del cuerpo está dañada.

Las señales desencadenadas por los distintos estímulos sensitivos ascienden por la médula espinal hasta el tronco cerebral. Y de allí van al tálamo: una estructura ovalada y tridimensional, subdividida en capas, que actúa como una estación de tren por la que pasa prácticamente la totalidad de las vías sensitivas. Una lesión en el tálamo de cualquiera de los dos hemisferios cerebrales provoca una alteración de todas las sensibilidades primarias afectándose el lado contralateral, ya que las vías se cruzan al entrar en el cerebro. Del tálamo, la información sensitiva asciende a la corteza parietal dirigiéndose a sus correspondientes áreas de representación topográfica. Zonas ampliamente intercomunicadas entre sí con las áreas contralaterales y con el córtex motor. Aunque cada neurona individualmente responde a un sólo tipo de modalidad sensitiva, el lóbulo parietal en su conjunto participa en la integración de todos los datos sensitivos, es así como podemos percatarnos de nuestro propio cuerpo y percibir su relación con el espacio extracorpóreo. Resumiendo: reconocemos nuestro propio cuerpo porque cada hemicuerpo está representado en el lóbulo parietal contralateral; si se produce una lesión en esta zona, desaparece esa capacidad que nos pasa tan desapercibida hasta que se pierde. Distintas funciones sensitivas. Representación corporal. Mandé al residente a la biblioteca a fin de que repasara el tema y me quedé a solas en el despacho pensando en cómo se las apañaría el empresario para manejarse con su hemicuerpo ajeno.

De la luz a la imagen

Mire al frente y escoja un punto. Mantenga la mirada fija. El área que alcanza a ver corresponde a su campo visual. Distinguirá diferentes colores, formas, objetos. Una realidad de nuestro entorno que nos parece incuestionable, y, sin embargo, al finalizar este repaso ya no lo tendremos tan claro. Abrir los ojos y cuestionarse el mundo. Aprender a mirar por medio del conocimiento. ¿Cómo se organiza el cerebro para captar el campo visual tal como lo vemos? ¿Qué estructuras y áreas cerebrales participan en la producción de las imágenes? En la luz está el principio.

La luz es el estímulo de la vista. Pero ¿qué es exactamente? Es energía electromagnética procedente de una fuente productora, ya sea el Sol o una simple bombilla, que a través de la pupila penetra en el interior del ojo y llega hasta el fondo del globo ocular topándose con una superficie sensible a la luz: la retina. Lo que aquí ocurre nos va a dejar realmente maravillados.

La retina convierte la luz en actividad neural. Punto por punto, disecciona el mundo exterior y lo envía al interior del cerebro a través de las vías visuales. Para ello dispone de millones de células fotorreceptoras distribuidas por su superficie, las que se encuentran recubiertas y en conexión con neuronas especializadas cuyos axones constituyen el nervio óptico. Dos son los tipos de células fotorreceptoras: los *bastones* y los *conos*. La retina humana contiene unos 120 millones de bastones y unos 6 millones de conos. Los bastones son sensibles a la luz tenue y se emplean fundamentalmente en la visión nocturna. Los conos responden a la luz brillante y son los mediadores del color y de la capacidad para distinguir los detalles finos. Ambos tipos de células contienen en su interior un pigmento responsable de la absorción de la luz. Todos los bastones tienen la misma clase de pigmento, mientras que los conos disponen de tres diferentes: hay conos azules, verdes o rojos en función de la gama de máxima sensibilidad en la cual son capaces de absorber la luz. La impresión de colores diferentes depende de la proporción de actividad de estos tres tipos de conos. Si una persona nace con sólo dos tipos de conos, los colores que no será capaz de detectar dependerán del tipo de receptor que falta. El daltonismo o ceguera para el verde-rojo debido a la ausencia del cono receptor de longitud de onda media o larga es el problema más frecuente. ¿Longitud de onda? ¿Onda? ¿Qué onda?

Para entender la existencia de color en nuestras vidas es preciso imaginarnos la luz como una onda que se mueve constantemente. No todas las ondas presentan la misma longitud. Distintas longitudes de onda equivalen a distintos colores, aunque el espectro de luz visible va a depender de los receptores: si tuviéramos los receptores de las abejas, detectaríamos los rayos ultravioletas, pero el ojo humano únicamente puede ver una banda estrecha del espectro electromagnético.

Cuando la luz entra en contacto con los fotorreceptores desencadena una serie de reacciones químicas que conllevan un cambio en el potencial de su membrana, el cual a su vez altera la liberación de neurotransmisores hacia las neuronas con las que se conecta. En resumen, la luz se traduce en potenciales de acción que se transmiten por las vías visuales. Lo realmente increíble es que cada punto del campo visual diseccionado –o campo del receptor– conserve su localización espacial y que se termine formando una imagen única de lo que vemos. Localización espacial, color, forma y movimiento: cuatro factores visuales a diseccionar y posteriormente a unificar. ¿Cómo funciona el sistema que hace posible algo así? Descubrimiento a descubrimiento, en la actualidad se puede afirmar que, pese a su complejidad, el procesamiento visual es uno de los entramados mejor comprendidos de nuestro sistema nervioso.

De la retina, las señales se dirigen al tálamo, y del tálamo, a la corteza occipital. En este nivel, la información ya no es captada punto por punto, sino en barras, con lo cual cada neurona occipital se ocupa de procesar los datos procedentes de muchos campos receptores retinianos. De la corteza occipital, la información sale dividida en dos vías: una va en dirección a la corteza parietal, por la cual circulan los datos visuales para la acción o el movimiento, y otra se dirige hacia la corteza temporal, encargada del procesamiento de la forma y el color. Las neuronas de estas dos áreas corticales están muy especializadas y responden a categorías de formas o estímulos visuales complejos, por ejemplo la visión de caras o manos. Un procesamiento visual superior que en ocasiones falla, y entonces determinados componentes del mundo pasan a no reconocerse.

«Me cuesta distinguir las caras de conocidos y amigos.» Al fin acudía a mi consulta un paciente quejándose expresamente de prosopagnosia o dificultad para distinguir caras. Recordé el caso descrito por el neurólogo Oliver Sacks en su libro *El hombre que confundió a su mujer con un sombrero*: un distinguido profesor de música que reconocía a sus alumnos por la voz, daba palmaditas a los parquímetros creyéndose que eran niños y se dirigía a las prominencias de los muebles extrañándose de que no le contestaran. Pronto comprobé que el caso de mi paciente era mucho menos espectacular, aunque en absoluto despreciable, puesto que, según refería, su dificultad lo incomodaba en sus relaciones sociales y le suponía un problema en el trabajo. A punto de cumplir la edad de jubilación, era su deseo continuar activo si su dificultad para distinguir caras se lo permitía. «En el despacho entran y salen clientes y todos me parecen el mismo, créame, no es normal lo que me pasa.» Coherente en su discurso y sin problemas para expresarse, una reciente revisión oftalmológica no había detectado ninguna anomalía significativa en su vista. Me pregunté cómo estaría procesando la información de mi cara, si distinguiría mis facciones dentro de un conjunto unificado o me vería por partes a modo de cuadro abstracto, como le ocurría al famoso profesor de música. ¿Y las expresiones faciales? Una cara de enfado, una sonrisa, ¿sería capaz de reconocerlas?

Inicié la exploración en busca de posibles agnosias visuales, así como otros datos de deterioro de funciones superiores. La palabra *agnosia* significa "falta de reconocimiento". No saber. Una persona con agnosia carece básicamente de conocimiento sobre algún fenómeno perceptivo. La incapacidad para reconocer cosas que se ven es la agnosia más frecuente, pero también pueden no reconocerse sonidos, olores o sensaciones corporales. Comencé mostrándole diferentes objetos: el reloj, las gafas, un bolígrafo... Los reconoció y nombró en el acto. Pasé a mostrarle unas láminas con dibujos de objetos superpuestos y le pedí que los tratara de descifrar. Ni un fallo. Le mostré diferentes figuras: un triángulo, un cuadrado... Diferentes colores... Todo correcto. Llegó el momento de enfrentarle a las caras. Aquí la exploración entró en crisis; su rendimiento fue vacilante y algo torpe, pero el resultado no fue concluyente. Su dificultad de reconocimiento parecía centrarse en los pequeños matices de los rasgos faciales. Completé el estudio con pruebas específicas de atención, memoria y aprendizaje. El resultado obtenido fue más pobre del esperado. Apunté en su historial:

dudosa prosopagnosia en el contexto de posible deterioro cognitivo leve. Tras darle una petición para que se realizara una resonancia magnética craneal, me despedí comentándole que debía estudiar los resultados antes de informarle de su problema con más detalle. Podía tratarse simplemente de un mal fisonomista con más fallos cotidianos de los esperables por problemas de atención, o bien podía estar iniciando un cuadro de demencia. La opción más aconsejable era descartar causas tratables y seguir revisándolo periódicamente.

Áreas cerebrales específicas dedicadas a identificar caras. Sorprenden los casos de pacientes que pierden la capacidad para reconocer objetos de una determinada categoría: animales, plantas, utensilios. Estar delante de un vaso y necesitar palparlo para reconocerlo pudiendo verlo perfectamente. Agnosias a objetos, colores o caras. Las lesiones subyacentes suelen ser bilaterales con afectación de las áreas occipito-temporales. Por lo general, se relacionan con procesos de demencia degenerativa, pero también se han descrito casos secundarios a lesiones unilaterales. Ver pero no reconocer lo que se está viendo cuando se conoce perfectamente lo que se está viendo. Así de complejo es el campo del procesamiento visual superior. Una complejidad que en ocasiones se manifiesta con alucinaciones visuales.

Acaba de comer y tomar su medicación habitual para su enfermedad de Parkinson. De repente se sobresalta: sus hermanos han venido a visitarle. Se sientan alrededor de la mesa, comienzan a hablar. Muertos hace años, han venido a visitarle. Se asusta, cómo no se va a asustar si sus hermanos, muertos hace años, han venido a visitarle.

Alucinaciones o experiencias visuales positivas sin la presencia de estímulos luminosos. Simples o complejas; desde destellos de luz hasta la aparición de personas o animales. Realidad, alucinación o imaginación. El mundo visual como creación del cerebro; nuestra realidad.

La flauta de Neanderthal

Un trozo de fémur de oso joven con dos agujeros alineados en el centro y otros dos en los extremos, que según los expertos no pudieron ser provocados por erosiones accidentales, es considerado como el instrumento musical más antiguo encontrado hasta la actualidad: una sencilla flauta capaz de emitir cuatro notas de la escala musical a combinar por la mente primitiva del hombre de Neanderthal, especie del género *homo* extinguida hace 30.000 años que cohabitó en Europa y Oriente Próximo con el *homo sapiens* del que descendemos.

La capacidad musical. ¿Cómo se ha ido desarrollando a lo largo de la evolución? ¿Y su relación con el lenguaje hablado? El cerebro humano dispone de una región especializada para analizar la música, localizada en el lóbulo temporal derecho, que se complementa con el área encargada del análisis del habla en el lóbulo temporal izquierdo. Y el sonido como denominador común.

Aunque el universo desapareciera, la música perduraría, afirmaba Schopenhauer en referencia a la especialísima capacidad de la música para penetrar en lo más íntimo del ser, trascender más allá de las ideas y, en cierta manera, ignorar el mundo. Eternas y bellas lecciones del alma; pero hoy sabemos que sin un aparato receptor adecuado que convierte las ondas sonoras en actividad neural y un cerebro que procese la información recibida, el árbol, al caer, no produciría ruido, sino partículas de aire en movimiento. Sin los seres vivos, el sonido sería silencio, y la música, viento.

Esas partículas o moléculas de aire desplazadas al caer el árbol vibran con sus vecinas produciendo un cambio de la presión del aire que se representa en forma de onda sonora. Cada onda con tres propiedades: amplitud, frecuencia y complejidad.

La amplitud de la onda corresponde a la intensidad de sonido o volumen medida en decibelios y depende de la cantidad de moléculas de aire que compactan en cada onda; a mayor densidad, mayor amplitud. Otra propiedad de la onda, la frecuencia, determina el tono del sonido que percibimos medido en ciclos por segundo o hercios. Aunque el sonido viaja a una velocidad constante de 344 metros por segundo, las ondas sonoras vibran a velocidades variables. Los sonidos percibidos como tono grave tienen frecuencias bajas o pocos ciclos por segundo, mientras que los sonidos de tono agudo están compuestos por frecuencias elevadas o muchos ciclos por segundo. El sistema auditivo de cada animal está adaptado para interpretar los sonidos propios de su especie. El oído humano es potencialmente capaz de percibir una gama amplia aunque limitada de frecuencias. Por ejemplo, el do central del piano con sus 264 ciclos dentro del resto de notas de la escala musical. ¿Quién es capaz de distinguirlo? Influencia genética y formación musical precoz: las claves para el oído absoluto. Los tonos puros corresponden a frecuencias únicas; no obstante, en su mayoría los sonidos están constituidos por combinaciones de frecuencias o tonos complejos, dos –o a menudo muchos más– tonos puros en una misma onda sonora. La complejidad de la onda como tercera característica de la onda sonora: fuente de infinitas posibilidades creativas.

Del mismo modo que ocurre con la luz, las distintas propiedades de la onda sonora deben ser analizadas por nuestro sistema auditivo, cuya función básica es convertir las variaciones de presión del aire representadas por las ondas sonoras en actividad neural que viaja al cerebro. Para ello dispone de una obra maestra de ingeniería capaz de detectar variaciones de presión de aire muy pequeñas, capaz asimismo de percibir simultáneamente diferentes sonidos; voces, instrumentos. Y es que nuestra sensibilidad a las ondas sonoras es extraordinaria hasta el punto de convertir la experiencia auditiva en algo que va mucho más allá de la mera detección del sonido: el análisis del significado de la música. De los receptores auditivos a la corteza cerebral. Todo un mundo de posibilidades a desarrollar.

Las ondas de presión del aire captadas por el pabellón auricular se introducen en el oído y golpean la membrana del tímpano, haciéndola vibrar a una frecuencia variable en función de la frecuencia de la propia onda. Estas vibraciones se amplifican a través de los huesecillos del oído medio y llegan a la cóclea, estructura que da vueltas en forma de concha de caracol, hueca en su interior y llena de líquido, que contiene la membrana basilar con las células ciliadas incrustadas en ella. La cóclea humana posee 12.000 células ciliadas externas y 3.500 internas; estas últimas constituyen los receptores auditivos. El movimiento de unos pequeños filamentos de su punta conocidos como *cilios* convierte las ondas sonoras en actividad neural. ¿Cómo se codifican las distintas propiedades de la onda sonora?

Frecuencia, amplitud, complejidad. El enigma de los diferentes sonidos que podemos oír fue descifrado en 1960 por George von Békésy al observar el desplazamiento de la onda hasta alcanzar la punta de las células ciliadas. La clave se encuentra donde se produce el máximo desplazamiento de la onda en función de la rapidez o lentitud del movimiento. Avances que han contribuido al desarrollo de implantes cocleares o dispositivos electrónicos en el interior del oído de personas sordas a fin de traducir las ondas sonoras en actividad neural. Ciencia y tecnología en permanente progreso.

Las células ciliadas hacen sinapsis con las células bipolares vecinas cuyos axones forman el nervio auditivo. Cada célula bipolar recibe información de una única célula ciliada interna. El nervio auditivo, constituido por unas 50.000 fibras nerviosas, penetra en el tronco cerebral. De allí al tálamo, y de éste a la corteza auditiva temporal, con asimetría en cuanto a especialización: el lado izquierdo para el lenguaje y el derecho para el análisis de la música. Una asimetría complementaria y relativa, con la participación de ambos hemisferios para determinados aspectos funcionales y la intervención de otras áreas cerebrales. Aún quedan muchos interrogantes por develar. ¿Está nuestro cerebro predeterminado para la música como lo está para el lenguaje? Si así fuera, ¿qué tipo de estímulo auditivo sería aconsejable de cara a potenciarlo? Las nuevas técnicas de imagen funcional del cerebro en acción contribuirán a avanzar en nuestros conocimientos sobre el procesamiento superior del sonido. ¡Cuántos secretos encerrados entre las neuronas de una persona escuchando música! Un compositor trabajando su obra. Beethoven y su prodigioso cerebro, sordo por completo escuchando el estreno de su novena sinfonía. El interior de Dios.

Instinto básico

Nuestro sentido más antiguo es el olfato, un sentido que va directo al sistema límbico o centro de las emociones, fiel reflejo de nuestro pasado cuando los olores desempeñaban un papel crucial en la supervivencia. Las moléculas que llevan el aire son captadas por el epitelio de las cavidades nasales que contienen los receptores olfativos. Un sistema que reconoce olores desde el nacimiento y se entrena con la experiencia. Hasta 10.000 olores se pueden llegar a diferenciar con el debido entrenamiento.

El olfato interviene en el 75% de lo que nos parece apreciado por el sentido del gusto. Los maléolos gustativos de las papilas de la lengua y cavidad bucal contienen los receptores o células que detectan y procesan estímulos químicos relacionados con el gusto. Disponemos de cuatro categorías de receptores que captan los cuatro sabores básicos: dulce, salado, amargo, agrio. Receptores con un ciclo vital de 10 días, por lo que la pérdida del gusto cuando la lengua se quema suele ser temporal. Puntos débiles. Recursos sabios.

Sin límites

Entrenar los sentidos. Que Beethoven continuara produciendo extraordinarias obras musicales a pesar de su sordera progresiva no fue únicamente debido a sus portentosas facultades innatas. Por rigurosa voluntad de su padre, desde muy niño su vida se orientó hacia la música. Ya sordo por completo, su cerebro trabajaba en la oscuridad del silencio. La música nacía de su interior sin estímulos auditivos externos; libre y revolucionaria. Con toda la nostalgia y agresividad de su aislamiento. ¿Hasta qué punto podía escucharla?

Un descubrimiento de hace unos años puede ayudarnos a reflexionar sobre cómo trabaja nuestro cerebro en relación con los sistemas sensoriales; las zonas activadas en el cerebro de las personas sordas que utilizan el lenguaje por señas aprendido en su primera infancia son esencialmente las mismas que en el caso del lenguaje oral. La voz es sustituida por las manos; el oído, por la vista; el sonido, por la luz. Poco le importa al cerebro por qué vía le llegue el lenguaje, siempre y cuando se le presente a tiempo. Fascinante.

En esencia, nuestros sistemas sensoriales convierten las energías que reciben del exterior en actividad neural. Señales o impulsos nerviosos que corren por las vías o axones hacia su destino. Más que diferenciarse, al penetrar en el cerebro los sentidos se igualan. Es en la corteza cerebral donde se representa el mundo sensorial en sus distintas modalidades: una especialización por áreas, en cierta forma moldeable por la experiencia. Sentidos potenciados por defecto, como el tacto y el oído en el caso de los ciegos. O sentidos desarrollados a base de trabajo desde edades tempranas, como se ha visto que ocurre en los músicos cuya corteza auditiva especializada en el análisis de la música puede llegar a ser un 25% mayor que en el resto de las personas.

Nuestro cerebro depende de la información que recibe. Parte de esta información es consciente, otra parte no. El bombardeo de estímulos externos es constante. Sin un sistema de filtro, la vida sería abrumadora. Fijamos la mirada en un objeto que despierta nuestro interés e ignoramos el resto del campo visual. Mantenemos una conversación privada mientras en la sala de fiestas el barullo es ensordecedor. A través de los sentidos accedemos a experiencias tan íntimas como universales. Aprender a mirar. Lo bello y lo sublime. La música es emoción, la emoción complejidad, escribe el compositor Wolfgang Rihm. Que nuestro cerebro nos guíe en la intuición de la noche.

11. LA COMPLEJIDAD
DEL MOVIMIENTO

Gatos sobre el tejado, pájaros carpinteros, águilas hacia su presa. Equilibrio, destreza, agilidad, precisión de movimientos; cualidades observadas en muchos animales lo que nos induce a infravalorar la función motora y tender a considerarla como parte de una maquinaria elemental dentro de nuestro organismo superior. Sin embargo, adentrarse en el estudio del movimiento significa descubrir una de las funciones cerebrales más complejas y deslumbrantes: la acción, la base de la conducta humana.

Todo movimiento requiere una planificación, un orden jerarquizado, un baile preciso de músculos que se contraen y relajan al unísono. Dirigir una mano para coger un vaso va a precisar la participación perfectamente organizada de diversas partes del sistema nervioso. ¿Cómo se produce el movimiento? ¿Cómo se inicia una acción? ¿Qué estructuras y mecanismos facilitan la aplicación de la fuerza adecuada en cada acto motor que realizamos? El milagro de no errar en la dirección de nuestros movimientos; sencillos o complejos, voluntarios o automáticos. La posibilidad de ir corrigiéndolos mediante el entrenamiento, como cuando tratamos de encestar una canasta. Aprender una secuencia determinada de movimientos hasta hacerlos automáticos, como ocurre al montar en bicicleta. ¿Qué sistemas hacen posible la habilidad de nuestras manos para coger objetos, escribir o pintar un cuadro? Caminar erguidos sin caernos: todo un conjunto de funciones actuando en coordinación con el fin de vencer la gravedad y mantener el equilibrio. La experiencia en la práctica clínica nos enseña que en la marcha vamos a encontrar un libro abierto sobre el sistema nervioso y su funcionamiento. El estado de las diferentes partes implicadas en el movimiento. Desde la corteza motora hasta la médula espinal, de la médula espinal a los músculos: dos grandes vías motoras con diferentes manifestaciones clínicas si se lesionan. Sin olvidar la participación de las vías sensitivas. ¿Dónde se localiza el problema? Observando el caminar del paciente encontraremos la respuesta.

Las vías motoras

Grata sorpresa: J.C., de 48 años, acababa de entrar en mi consulta con pasos apenas percibidos como anormales. Meses antes había ingresado de urgencia por una hemiplejia izquierda: un pequeño infarto localizado en la cápsula interna del hemisferio cerebral derecho le había dejado sin poder movilizar las extremidades izquierdas. Durante los días que duró su ingreso fue recuperando la fuerza y, al recibir el alta, ya era capaz de caminar sin ayuda, aunque la pierna afectada, aún parética, la mantenía sin flexionar tendiendo a girarla hacia afuera como describiendo un semicírculo: una marcha típicamente espástica por lesión de la vía piramidal.

De las neuronas corticales de una amplia zona cerebral, fundamentalmente de la corteza motora situada en el lóbulo frontal, surgen los axones que forman la vía corticoespinal o piramidal: la motoneurona superior. Al ir descendiendo hacia el tronco cerebral, estos axones van convergiendo entre ellos mientras emiten colaterales a otras estructuras cerebrales. Al atravesar la sustancia blanca de la región subcortical, pasan por la cápsula interna que es como un pasadizo entre unos acúmulos de sustancia gris llamados *núcleos de la base*; aquí las fibras pasan muy unidas, por lo que una lesión en dicha área producirá una hemiplejia pura y proporcional como la que había presentado mi

115

paciente. Esta vía piramidal, al llegar al bulbo del tronco cerebral, contiene cerca de un millón de axones. Antes de penetrar en la médula espinal, gran parte de sus fibras se cruzan. La interrupción de esta vía motora superior puede producirse en cualquier punto de su trayectoria. Por las características de la parálisis sabremos dónde se ha producido la lesión.

La excelente recuperación funcional de mi paciente no lo dejaba del todo satisfecho. Hombre de acción, deportista y activo en sus negocios, notaba que la pierna no respondía a los movimientos como debía hacerlo. Le servía para caminar, pero en cuanto pretendía jugar al fútbol, o realizar una actividad que requiriese cierta habilidad motriz, se sentía muy torpe y se desesperaba. Tras haber recuperado la fuerza, ¿qué secuelas le impedían llevar una actividad motora normal? Pasé a explorarlo con detenimiento.

Comprobé lo que sospechaba. A pesar de no presentar déficit motor, detecté una moderada rigidez o espasticidad con hiperreflexia en las extremidades izquierdas. Ésa era la causa de su torpeza motora. Traté de animarlo, pues presentaba un grado de recuperación funcional que podía considerarse como muy satisfactorio. «Sí, pero no soy el mismo, ni mucho menos.» Ante sus quejas, le aconsejé una medicación para tratar de disminuir la espasticidad y valorar su eficacia pasadas unas semanas. Mientras se marchaba volví a fijarme en su marcha. Suerte con el balón.

Los fascículos descendentes de la vía piramidal conectan o hacen sinapsis con las interneuronas y las motoneuronas del asta anterior de la médula o motoneurona inferior. Cada una de ellas, a través de sus axones, con unas 10.000 terminaciones sinápticas, alcanzan los músculos, siendo la acetilcolina el neurotransmisor de unión. Su actividad quedará determinada por la combinación de señales: excitatorias o inhibitorias. El conjunto de la motoneurona y las fibras musculares que inerva constituyen la unidad motora. Si la unidad motora se destruye, todas las fibras musculares que inerva experimentarán una severa atrofia por denervación.

Así pues, la motoneurona superior y la inferior son las principales vías motoras del sistema nervioso, pero errarían su objetivo si el movimiento no estuviera modulado por otras estructuras cerebrales: los núcleos de la base y el cerebelo, sin olvidar el sistema vestibular y las vías sensitivas que nos informan de la posición de nuestro cuerpo, indispensables para mantenernos erguidos sin caernos.

Los núcleos de la base

Una paciente de edad avanzada se detiene frente a la puerta de mi consulta. Permanece inmóvil, incapaz de dar un solo paso. Su acompañante parece familiarizada con la situación: «Levanta el pie, mamá.» La paciente sabe que tardará unos segundos en reiniciar la marcha; le pasa a menudo. «Frente a las puertas se queda como bloqueada, luego, cuando reanuda la marcha, a veces se acelera y no puede detenerse.» Al fin, arranca la marcha con unos pasos cortos y arrastrándolos sin apenas levantarlos del suelo. Inclinada hacia adelante, llega a la silla y se sienta con marcada lentitud de movimientos, pero sin llegar a precisar la ayuda de su hija, quien permanece junto a ella vigilante, habituada a la torpeza motora de su madre afecta de la enfermedad de Parkinson.

Un trastorno de la marcha característico, asociado o no a temblor de reposo, rigidez de tronco y extremidades, lentitud de movimientos y otros problemas motores sin que exista una pérdida específica de fuerza en la musculatura. La causa más frecuente de este complejo síndrome parkinsoniano es la enfermedad descrita por James Parkinson en 1817: de origen aún desconocido, se cree que puede deberse a la interacción de factores genéticos, ambientales y del propio envejecimiento. Su principal alteración es la pérdida de células dopaminérgicas de la sustancia negra, localizada en el mesencéfalo del tronco cerebral, con la consiguiente disminución de dopamina en el núcleo estriado. El tratamiento con sustancias dopaminérgicas ha mejorado considerablemente el pronóstico de esta enfermedad, tan variable en sus manifestaciones clínicas, en la propia evolución y respuesta al tratamiento. Y es que probablemente no exista en todo el cerebro una zona con una organización más endiablada que la escondida a nivel subcortical. Los núcleos de la base; quién sabe si el lugar donde se originan nuestras manías y obsesiones.

E.C., de 23 años, entra tan rápido en el despacho que apenas me da tiempo a saludarle. En mi mente, sin embargo, ha quedado grabada su aparición; el parpadeo de sus ojos mientras se acerca a la silla y la rodea antes de sentarse. Como un rayo inquieto y jovial me dedica una amplia sonrisa sin dejar de moverse. Una hiperactividad psicomotriz puesta de manifiesto durante toda la entrevista con un variado repertorio de tics motores que no parecen incomodarle en exceso. Entre muecas, guiños y estiramientos bruscos del cuello, se levanta del asiento y da un giro sobre sí mismo, luego se vuelve a sentar. Me explica su historia con buena capacidad expresiva. Sus dificultades de concentración desde la infancia no le han impedido progresar en los estudios; le falta un curso para finalizar la carrera de Derecho. De niño acudió a un especialista que le diagnosticó el síndrome de Gilles de la Tourette, pero no toleró la medicación que le recetó; «se quedó muy rígido y lento», según le recuerda su madre. Me explica que acude a mi consulta por si se había descubierto algún nuevo tratamiento para su problema. Durante toda la entrevista, el joven no emite los característicos tics vocales groseros descritos en este síndrome (tacos fuera de contexto y desafortunados). Tratando de no ser excesivamente directa, lo interrogué sobre posibles conductas compulsivas y obsesivas. Hace unos años le dio por lavarse reiteradamente las manos. Ahora ya no siente la necesidad de lavárselas tan a menudo.

Sus manifestaciones clínicas eran concluyentes; no existían dudas diagnósticas. Gilles de la Tourette describió en 1885 la enfermedad que lleva su nombre. Se trata de un síndrome hipercinético por una disfunción de los ganglios basales centrada en el núcleo caudado. Mientras el tratamiento con un bloqueante de los receptores de dopamina, como el haloperidol, mejora el cuadro clínico, la dopamina exacerba los síntomas. De base genética, la evolución de la enfermedad es muy variable; algunos pacientes presentan síntomas muy acusados, otros presentan un cuadro clínico más solapado, e incluso en ocasiones, con el tiempo, los síntomas pueden llegar a remitir o desaparecer espontáneamente.

Le expliqué a mi paciente el estado actual de conocimiento sobre su enfermedad detallándole que los fármacos más eficaces para aminorar los tics continuaban siendo los neurolépticos bloqueantes de los receptores dopaminérgicos, los cuales, por sus potenciales efectos secundarios, de ser posible, se tratan de evitar. En todo caso, se podría probar iniciarlos en dosis bajas y comprobar su tolerancia y eficacia, pero la decisión final dependía de cómo los síntomas estuvieran alterando su vida. El paciente me habló de su novia, de sus proyectos e ilusiones, y la balanza terminó inclinándose hacia la conveniencia de intentar aminorar los tics que tanto inquietaban a su novia.

Lentitud motora o tics: dos manifestaciones clínicas contrapuestas, dos síndromes con base orgánica en la misma área cerebral: los ganglios de la base. ¿Cuál es realmente el papel que desempeñan estos acúmulos de sustancia gris situados a nivel subcortical? Su contribución al movimiento queda respaldada por la existencia de estos dos síndromes hipo- o hipercinéticos dependiendo del grupo de núcleos afectados. Se han propuesto varias teorías que intentan explicar el papel modulador del movimiento atribuido a los ganglios basales. ¿Puede ser que su función consista en generar la fuerza requerida para cada movimiento en particular? (Keele e Ivry, 1991). Se avanza día a día en el conocimiento de los complejos circuitos establecidos entre las distintas estructuras de los ganglios basales y en sus conexiones con otras áreas cerebrales (el tálamo, la corteza motora y el mesencéfalo). Ya se conocen los principales neurotransmisores que intervienen. El endiablado entresuelo de vías inhibitorias y excitatorias comienza a aclararse. Conocimientos que abren nuevas vías de investigación farmacológicas y quirúrgicas en el tratamiento de estos síndromes extrapiramidales en ocasiones invalidantes.

El cerebelo

Entran dos personas mayores. La primera apoyándose con un bastón; inmediatamente después aparece una mujer bajita con el brazo enyesado que se tambalea al andar y a punto está de golpearse con el marco de la puerta. Viven juntas y solas desde que falleció el marido de la mujer del bastón, la que toma la iniciativa en la visita, dueña de la casa donde trabaja la mujer bajita. «Por más que insisto, se empeña en no utilizar bastón, un día se matará, si viera los trompazos que da. Lleva años caminando algo insegura, pero antes se manejaba bastante bien, en cambio, este último mes se ha caído por lo menos cinco veces. Si pudiera convencerla para que utilizara bastón...» Callada, la mujer bajita transmitía tranquilidad. Tras insinuar una tímida sonrisa, me explicó su historia familiar: «A mis hermanas les ocurre lo mismo, gracias a Dios nos vamos defendiendo, al parecer, las tres hemos heredado de nuestra madre una enfermedad para la cual no existe tratamiento».

La exploración confirmó un evidente síndrome cerebeloso con ataxia de la marcha y dismetría bilateral. Incapaz de sostenerse de pie con los pies juntos, sin embargo, podía caminar relativamente estable si mantenía las piernas algo separadas. Se lateralizaba un poco hacia ambos lados. Pero, si realmente llevaba años caminando así, ¿por qué ahora se caía tan a menudo? En las pruebas de coordinación motora encontré una posible explicación; le pedí que separase del cuerpo la mano libre de yeso y luego la acercase hasta tocarse la punta de la nariz. «Como enviar un cohete a la Luna», recordé las palabras de mi querido maestro. Y el cohete erró en el aterrizaje. El dedo índice de mi paciente inició el camino hacia la punta de la nariz de modo algo lento pero más o menos en dirección acertada, y al aproximarse al blanco, en vez de ir desacelerando el movimiento de modo suave y preciso (como se realiza en condiciones normales), se detuvo de modo brusco y prematuro para luego tratar de alcanzar la punta de la nariz con una serie de sacudidas sobrepasando el objetivo hasta casi dañarse un ojo. Una dismetría en la coordinación de los movimientos de sus extremidades que, sin duda, le dificultaba la posibilidad de sujetarse para no caerse cuando su inestabilidad en la marcha se descompensaba. El bastón le estorbaba pues necesitaba las manos libres para agarrarse en caso de desestabilizarse. Ahora este recurso le estaba fallando, lo que explicaba las frecuentes caídas.

Traté de exponerle con detalle su situación. Si se confirmaba la enfermedad heredodegenerativa cerebelosa compartida con sus hermanas, no era esperable una mejoría clínica y probablemente iría empeorando con los años. Más que un bastón, quizá le ayudaría uno de esos aparatos a los que uno se agarra con las manos mientras camina empujándolo. Le solicité una resonancia craneal para objetivar el grado de atrofia de su cerebelo y me despedí acompañándolas hasta la puerta. Volvió a dirigirme una de esas miradas de complicidad que tanto reconfortan el quehacer diario del médico.

El cerebelo se encuentra situado en la zona posterior intracraneal apoyándose por encima del tronco encefálico. Al igual que el cerebro, se divide en dos hemisferios unidos por una zona medial conocida como *vermix cerebeloso*. Cada una de sus diferentes regiones está especializada en una función específica del control motor: áreas mediales que reciben conexiones del sistema vestibular para controlar el equilibrio y los movimientos oculares y áreas laterales conectadas con la corteza motora para controlar el movimiento de las extremidades. A pesar de su reducido tamaño contiene aproximadamente la mitad de las neuronas del sistema nervioso. Un pequeño gran órgano encargado del control motor. ¿En qué consiste este control? Se contemplan varias hipótesis: sincronización, precisión. Encestar una canasta o lanzar dardos a una diana; la puntería se va ajustando gracias al cerebelo. Movimiento ideal versus movimiento real; y el cerebelo los compara, corrige errores. Vías sensitivas y motoras en conexión a través del cerebelo; una compleja organización que coordina los movimientos, en especial los que requieren habilidad, coordinación motora y equilibrio. En la actualidad se estudia su papel en la cognición, concretamente sobre la coordinación mental. De nuevo, el paciente puede resultar determinante de cara a comprender el funcionamiento del sistema nervioso. Y, sobre el cerebelo, aún quedan muchas páginas en blanco por escribir.

El inicio del movimiento

Preparados, listos, ya. Comienza la acción. Para ello, el sistema nervioso dispone de una organización jerarquizada con tres niveles de función: la neocorteza, el tronco cerebral y la médula espinal, cada nivel con su particular contribución al movimiento. Orden, interconexión, distribución de funciones: las claves de la acción. Cada eslabón del engranaje es un auténtico reto para la investigación; pero descubrir cómo se inicia el movimiento quizá sea uno de los enigmas más apasionantes.

¿Quién ordena la acción? Un sistema jerarquizado requiere

de un director, alguien que planifique la acción, alguien que envíe instrucciones a los niveles medulares conectados con los músculos para que el movimiento se lleve a cabo correctamente. En el lóbulo frontal encontraremos a ese director general. Un lóbulo con tres subdivisiones perfectamente coordinadas. Previamente al inicio de la acción, las neuronas de la corteza prefrontal planifican las tareas o conductas complejas que se desean realizar, posteriormente se envían las instrucciones correspondientes a una zona contigua, la corteza premotora, a fin de que ésta determine y produzca la secuencia de movimientos apropiados para esa acción. De los pequeños detalles se encarga la corteza motora primaria.

Mientras todas las acciones motoras voluntarias van a depender de estas tres subdivisiones del lóbulo frontal, los movimientos automáticos son controlados por niveles inferiores. Se ha comprobado en animales de experimentación que la estimulación eléctrica de determinadas áreas del tronco cerebral desencadena movimientos típicos de la especie: el arqueo del gato frente a un perro, la construcción de un nido, o movimientos coordinados para caminar, nadar, beber, comer o realizar el acto sexual; patrones básicos de movimientos que son comunes a cada especie y que podrían no ser aprendidos, sino innatos.

Descubrimiento tras descubrimiento, se avanza en el conocimiento sobre la organización cerebral del movimiento. La acción tanto motora como mental. Reflexionar. Al pensar, a menudo estamos planificando. Nuestras funciones superiores como la memoria, el aprendizaje, el lenguaje o el pensamiento han evolucionado a partir del movimiento y siguen dependiendo de él: funciones llamadas ejecutivas a cargo del lóbulo frontal. También las emociones mantienen un vínculo inseparable con las funciones motrices del cerebro. Un guiño, una sonrisa o un silencio oportuno. Saber detenerse a tiempo. El cerebro social. La acción como ventana de nuestra personalidad.

Me impresionó la elegancia de sus movimientos. Tacones altos, tobillos finos. Cuando se sentó, aprecié un leve desequilibrio que disimuló con maestría. Consultaba por propia iniciativa. Desde que había cumplido los 90 años la tendencia general era atribuir sus problemas físicos a la edad, y en consecuencia, quedaban sin solucionar. Harta de tanta resignación, quería saber por qué se caía tan a menudo. Después de completar su historia personal, de muchos hijos y casi ninguna enfermedad, pasé a explorarla. No presentaba los problemas de la marcha propios de la edad avanzada: postura encorvada, pasos cortos, disminución de velocidad en los movimientos. Su caminar era envidiable. No objetivé ningún fallo neurológico concreto. Entonces, ¿por qué se caía tan a menudo?

Sin avisarla, le di un pequeño empujón en la espalda. Allí encontré la respuesta a sus caídas. Se lo expliqué con detalle: había perdido parte de la capacidad destinada a realizar los cambios posturales compensatorios rápidos necesarios para protegerse o prevenir las caídas. Un problema propio de la edad que obliga a caminar con cautela conociendo los fallos precisos con el objetivo de poder compensarlos. Antes de finalizar la visita, le hice una última recomendación. Quizá un bastón. ¡Qué manía con el bastón!

12. EMOCIONES BAJO CONTROL

Pasan los años, permanecen en la memoria los afectos incondicionales. «Recuerdo su alegría al verme; nuestros sagrados paseos al anochecer; esa sensación de placidez que transmitía apoyado junto a mí mientras, tumbados en el sofá, veíamos la televisión; sus celos casi incontrolables, su ira protectora, sus absurdos y repentinos miedos frente a otros momentos de gran valor y decisión; su exagerado desconsuelo ante mis obligadas ausencias. Sin reservas, me quería, me quiso hasta el último de sus días. Anochecía, el calor del verano era sofocante, arrastrando las patas traseras, se acercó hacia mí y apoyó la cabeza sobre mis rodillas, ya sin fuerzas, un tenue gemido y un gesto señalándome el reloj me recordó que el tiempo se nos estaba escapando, a la Luna lo hubiera llevado, pero anochecía, y era la hora de nuestro paseo.»

Ira, miedo, alegría, tristeza. Las cuatro emociones básicas sobre las que se configuran nuestras vidas según la opinión mayoritaria de los expertos en un campo cuya dificultad conceptual comienza con la propia definición de la palabra *emoción*: del latín *moverse*, moverse hacia afuera, comunicar necesidades y estados internos, mientras que la percepción, o experimentación de todos esos cambios que constituyen la respuesta emocional, corresponde más propiamente a lo que llamamos sentimiento; distinción matizada por el neurólogo Antonio R. Damasio que introduce el concepto de *sentimiento de fondo,* o el estado entre emociones en el que nos encontramos gran parte de nuestro tiempo. En cambio, otros autores optan por utilizar los términos *emoción* y *sentimiento* de modo indistinto. Emoción o sentimiento. Emociones primarias: ira, miedo, alegría, tristeza. Y emociones secundarias producto de combinaciones y matices en cuanto a intensidad. De una apenas perceptible melancolía al llanto desesperado: tristeza. De una preocupación lógica a la ansiedad descontrolada: miedo, un miedo que nos impulsa a luchar o salir corriendo, fruto de mecanismos de supervivencia heredados de nuestros antepasados. Emociones resultantes de comportamientos repetidos de generación en generación. Pasiones y recelos. Una caja llena de sorpresas.

Reflexionar sobre las emociones utilizando como principal herramienta la razón tiene nombre propio: Spinoza. Publicado póstumamente, *La Ética* de Baruch Spinoza (1632-1677) nos acerca a las emociones humanas entendidas como parte integrante de la naturaleza y, por tanto, sometidas a sus reglas universales. Entender la mente, cada emoción, cada una de las múltiples actividades mentales; ¿cómo interaccionan? Las partes cerebrales implicadas, su funcionamiento. Las distintas enfermedades mentales y sus causas. En los últimos años estamos asistiendo a avances espectaculares en el campo de las neurociencias: avances en neuroimagen, en investigación genética, en el conocimiento sobre la química del cerebro, en el diagnóstico, clasificación y tratamiento de los distintos síntomas y enfermedades del sistema nervioso. Pero si queremos llegar a entender la conducta humana en toda su diversidad, va a ser necesario una mayor aproximación de los diversos ámbitos de estudio; desde la filosofía a la psicología, de la psiquiatría a la neurología, ciencias básicas y clínicas. Aprendamos de la historia.

Un paseo aleccionador

Tras identificarme, me abrieron la verja. Subí una pequeña cuesta y aparqué el coche en un lugar que me pareció el indicado a pesar de encontrarse algo alejado de los edificios principales del complejo hospitalario. Era un día soleado, las hojas del otoño formaban un manto de colores sobre la hierba que rodeaba el camino asfaltado. Años dedicada al cerebro y sus enfermedades y por primera vez visitaba un centro psiquiátrico con pacientes ingresados en régimen de larga estancia. Recuerdo un silencio que percibí como excesivo. En el intento de abstraerme de mis propios pasos, me fijé en los árboles, su altura, el grosor de sus troncos. Busqué sin éxito los límites del centro hospitalario, vallas, muros o verjas; en todo caso, el complejo tenía el suficiente terreno para no asfixiar el alma del visitante, y sin embargo, notaba mi respiración algo acelerada. Quizá por la ausencia de ruido, quizá por mi imaginación demasiado contaminada, no me sentía cómoda. Y eso que el espacio era abierto. Y el día soleado. Pájaros, faltaban pájaros.

Me encontraba añorando el canto de los pájaros cuando llegué a un cruce y me detuve; un cartel señalizaba las diversas dependencias del centro: área de agudos, área de crónicos. Tardé un rato en orientarme. Al reemprender la marcha di un giro brusco y el susto fue de los que no se olvidan; acababa de topar de bruces con uno de los inquilinos del centro. Me disculpé tan rápido como pude y aceleré el paso. Metros más adelante miré de reojo hacia atrás y sentí cierto alivio al comprobar que el personaje atropellado continuaba de pie frente al cruce. Alto y delgado, tonos marrones, la camisa más clara, de mediana edad, pelo oscuro, ojos penetrantes, apenas le mantuve la mirada. Tras atravesar el pórtico del edificio principal, me encontré en medio de un pequeño patio descubierto. Sentados en bancos enfilados junto a las paredes, inmóviles y en silencio, los pacientes parecían haberse dado cuenta de mi presencia. Al fin llegué al despacho del director médico.

La historia de la enfermedad mental es la historia de ese paseo temeroso, de esa mirada huidiza frente a lo que identificamos como extraño. Una historia que refleja la dificultad individual y colectiva para relacionarnos de un modo natural y sin complejos con la mente y sus misterios; aunque también es la historia del valor y la sabiduría por parte de grandes pensadores, médicos y científicos, unos reconocidos, otros anónimos, todos ellos capaces de enfrentarse a su época y abrir puertas al conocimiento.

Alucinaciones, delirios, cuadros confusionales, cambios bruscos de personalidad, crisis epilépticas; muchas de las manifestaciones clínicas secundarias a enfermedades o lesiones cerebrales cursan con síntomas realmente impactantes, lo que sin duda no ha contribuido a hacer del estudio de la enfermedad mental un camino recto sin interferencias socioculturales. Brujas poseídas por demonios. Manicomios donde encerrar a individuos con conductas marginales, malformados, retrasados, locos, ladrones, indigentes: un despropósito vergonzoso y extendido que perduró varios siglos. Sin embargo, la historia de la medicina occidental había comenzado mucho tiempo antes y había comenzado con la lucidez propia de los grandes pensadores de la antigua Grecia.

Hipócrates (460 a.C.), nacido nueve años después que Sócrates, ejercía la medicina en la isla de Cos y observaba a sus pacientes. En contra de creencias heredadas, no hallaba nada sobrenatural en la enfermedad mental; como en cualquier otra enfermedad podía predecir su curso clínico basándose en la experiencia. Buscaba su origen en causas naturales o ambientales. *Mente sana en cuerpo sano*. En los textos del *corpus hippocraticum* se expone un amplio sistema explicativo de la salud y la enfermedad basado en la teoría de los humores: sangre, flema, bilis amarilla y bilis negra. Del equilibrio de estos cuatro fluidos del cuerpo dependía la salud física y mental. Teorías aparte, Hipócrates imprimió un sello al ejercicio de la profesión médica que, aun con altibajos, ha perdurado hasta nuestros días. Aunque menudos altibajos.

Veo al gran patriarca de la medicina escuchando atentamente a sus pacientes bajo el resplandeciente Sol de la isla de

Cos. Imagino el horror de los manicomios masificados e indiscriminados y no alcanzo a comprender los vaivenes que ha sufrido nuestra historia; un tiovivo, adelante y atrás, atrás, atrás, imparable, hasta que estalla una revolución. Serena o violenta, reflexiva o visceral. Los movimientos reformistas del siglo XVIII significaron un trascendental giro hacia adelante: el derecho de todos los hombres a la vida, a la libertad. Grandes etapas de la historia. La Ilustración. Comenzaron a alzarse voces en contra de la deshumanización de los manicomios. A medida que la medicina resurgía como disciplina científica, la enfermedad mental volvía a su lugar de origen: el cerebro.

Nace entonces la psiquiatría como especialidad médica, con una primera generación de psiquiatras envidiable por su fuerza, tesón, imaginación, capacidad de análisis. Personajes heroicos y visionarios, como los describe Nancy C. Andreasen en su libro *Un cerebro feliz*. Rush, Pinel, Chiarugi, entre otros destacables médicos generalistas que centraron sus esfuerzos en las enfermedades de la mente y revolucionaron la manera de aproximarse a ellas; una aproximación tan simple y sistemática como en cualquier otra enfermedad del cuerpo humano. Y la historia se enderezó de nuevo. Ellos mismos se encargaron de reformar y crear nuevos centros asistenciales o asilos donde el trato humano y la observación clínica eran las principales herramientas. Crearon asociaciones científicas para compartir conocimiento e información. Entre todos fueron aclarando y clasificando la gran diversidad de síntomas que presentaban estos pacientes con todos los órganos aparentemente sanos excepto el cerebro. Unos tenían ideas delirantes, otros oían voces, otros permanecían absortos, temerosos. Así se fueron descubriendo los diferentes tipos de enfermedad mental. Pero ¿y las causas? ¿Dónde demonios se escondía el demonio? ¿Había una causa para cada tipo de enfermedad, o todas ellas compartían el mismo origen?

Una infección bacteriana, la sífilis, fue la primera causa

El cerebro al descubierto

identificada. Cuesta poco imaginar la euforia resultante ante dicho descubrimiento. Mediante una historia clínica detallada y el microscopio, se había encontrado la explicación a los síntomas presentados por un considerable grupo de pacientes con trastornos de conducta y demencia. La sífilis terciaria: una plaga que llenaba los asilos a principios del siglo XX y que la aparición de los antibióticos consiguió prácticamente erradicar. Pero aún quedaba mucho trabajo por resolver y, en la mayoría de casos, los esfuerzos no iban a resultar tan exitosos.

Muchos son los médicos y científicos que se han destacado en ese camino. El psiquiatra alemán Emil Kraepelin lideró un equipo que hizo historia: Alzheimer, Nissl, Brodmann... Se establecieron así las bases de la psiquiatría definiendo los principales grupos de trastornos mentales: las demencias, la esquizofrenia, la enfermedad maniaca-depresiva; un cuarto subgrupo, los trastornos de ansiedad, cayó en las intrépidas garras de un neurólogo vienés: Sigmund Freud. Más allá de sus incuestionables aportaciones al campo de las neurociencias, una de las figuras más influyentes en el devenir sociocultural del siglo XX.

Mientras médicos, científicos y pensadores avanzaban lentamente en el conocimiento de la mente y sus enfermedades, en muchas ocasiones el manejo diario de los pacientes resultaba muy complicado. Brotes de agresividad, fases maniacas incontrolables. En 1935, el neurocirujano portugués Egas Moniz, basándose en trabajos experimentales realizados en animales agresivos, decidió poner en práctica la misma técnica en humanos: justo por encima del globo ocular, se pincha el cráneo, se introduce una piqueta médica y se empuja hacia el interior del cerebro. Una sencilla técnica, llamada *leucotomía frontal*, que dejaba al paciente en un estado aplanado, sin emociones, y aunque en más de una ocasión no resolvía la agresividad, pronto se convirtió en un tratamiento rutinario. Se desconocía el porqué de tales consecuencias, se desconocían los

130

mecanismos y tejidos que resultaban lesionados, se desconocían tantas cosas... Pero había que actuar y por aquel entonces no se disponía de otros tratamientos más eficaces. La *lobotomía frontal* o resección total de dicha parte del cerebro y los *electroshocks* fueron otros recursos de una época en la que el deseo de solucionar problemas quizá desbordó a la ciencia. El hecho es que con los conocimientos actuales, la psicocirugía vuelve a plantearse como posible recurso para aliviar ciertos comportamientos extremos, y la terapia electroconvulsiva, bajo estricto control médico y relajación con sedación, se utiliza con resultados satisfactorios en determinados pacientes con depresiones graves.

Con la llegada de los primeros fármacos psicoactivos cambió el panorama: médicos, pacientes y familiares comenzaron a poder dormir. Al fin, fármacos para controlar los brotes psicóticos, para combatir las depresiones y los trastornos de ansiedad, fármacos reguladores de los cambios de humor. Año tras año, más y más efectivos fármacos. Y, como suele suceder en los grandes logros de esta vida, azar y trabajo encontrándose por el camino.

El litio, un elemento natural parecido al sodio, fue una de las primeras medicaciones en entrar en escena. En la década de 1940, en pacientes hipertensos que debían seguir una dieta baja en sodio, se comenzó a utilizar el cloruro de litio en sustitución de la habitual sal de mesa o cloruro sódico. Cuando se constató su toxicidad al ingerirse en dosis altas, fue apartado de las comidas, pero sus potenciales efectos beneficiosos ya habían dejado huella. Un psiquiatra australiano, John Cade, se percató de su acción sedativa y comenzó a utilizarlo para tratar de controlar cuadros de agitación. Posteriores investigaciones demostraron su eficacia en pacientes maniaco-depresivos, y desde 1970, una vez desarrolladas las técnicas para medir su nivel en sangre y así evitar al máximo su toxicidad, viene empleándose como estabilizador del estado de ánimo especialmente en el trastorno bipolar. En los últimos años, otros fármacos, utilizados asimismo como antiepilépticos, también han demostrado ser eficaces estabilizadores del estado de ánimo, pero el litio continúa en activo.

La llegada de los primeros fármacos antipsicóticos resultó providencial. Delirios, alucinaciones, los brotes psicóticos son realmente un grave problema para el paciente y su entorno, y hasta entonces los hospitales se encontraban desbordados por estos casos clínicos con alternativas paliativas muy desalentadoras. En la década de 1950 se abrió una ventana llena de expectativas de cara a los pacientes con diagnóstico de esquizofrenia: la clorpromazina, el primer fármaco eficaz para controlar las alucinaciones e ideas delirantes causantes de la agitación en los brotes psicóticos. Pronto se añadieron nuevos fármacos en busca de una mayor eficacia y reducción de sus efectos secundarios, fármacos que, como posteriormente se comprobó, ejercían su acción actuando como potentes bloqueadores de los receptores dopaminérgicos D_2, lo que conllevaba una reducción de dopamina en el cerebro, algo que a menudo desembocaba en un cuadro de rigidez, temblor y lentitud motora equivalente a la enfermedad de Parkinson. El gran alivio inicial que supuso la llegada de estos primeros fármacos antipsicóticos se vio ensombrecido ante la constatación de estos potenciales efectos secundarios y la evidencia de que tales medicaciones resultaban eficaces a la hora de controlar los síntomas psicóticos, pero no curaban la enfermedad: el paciente esquizofrénico continuaba con sus problemas cognitivos y emocionales, en muchos casos incapaz de pensar con fluidez, empezar tareas y terminarlas, llevar una vida normal. En los últimos años se han renovado las expectativas con el desarrollo de fármacos de nueva generación: los antipsicóticos atípicos que al no bloquear tan enérgicamente los receptores dopaminérgicos y actuar paralelamente sobre otros neurotransmisores tienen menos efectos extrapiramidales, y no sólo son eficaces para los síntomas psicóticos, sino que además parecen mejorar en cierta manera los síntomas negativos de base.

El azar también participó en el descubrimiento de los primeros fármacos antidepresivos. Entrados en 1950, los investigadores se encontraban tratando de mejorar los efectos de la clorpromazina como antipsicótico. Una pequeña modificación de esta molécula bastó para topar con un filón de valor incalculable: la imipramina, el primero de los antidepresivos tricíclicos (llamados así por su estructura formada por tres anillos). ¿A través de qué mecanismos ejercían la acción milagrosa de reducir los síntomas depresivos? Julius Axelrod sentó las bases de la hipótesis catecoaminérgica al observar que la imipramina provocaba un bloqueo de la recaptación de la noradrenalina en las neuronas transmisoras, incrementándose con ello la cantidad total disponible de este neurotransmisor en las sinapsis. Posteriormente, otros investigadores constataron que determinados antidepresivos tricíclicos también actuaban sobre el sistema serotoninérgico, y a partir de entonces los esfuerzos de la industria farmacéutica se dirigieron hacia la búsqueda de fármacos con acción selectiva sobre la serotonina. La fluoxetina, comercializado como Prozac, fue el primero de una larga lista de fármacos nacidos para triunfar en un mundo insatisfecho. Estos inhibidores selectivos de la recaptación de la serotonina (ISRS), que aumentan la cantidad de este neurotransmisor disponible en la terminación nerviosa, pronto se convirtieron en el tratamiento de la depresión por excelencia gracias a su efectividad y relativa buena tolerancia, aunque no todos los pacientes responden a ellos y, en ocasiones, se debe recurrir a los antidepresivos tricíclicos. ISRS, a los que se han añadido otros fármacos con acción mixta sobre la serotonina y noradrenalina. Una amplia gama de posibilidades farmacológicas que el médico debe aprender a manejar en beneficio del paciente.

Lo mismo sucede con el tratamiento de los trastornos de ansiedad; experiencia y conocimiento son fundamentales. Varios grupos de fármacos actúan sobre la ansiedad y hay que saber escoger la mejor opción dependiendo del tipo específico de trastorno, la edad del paciente y los posibles problemas médicos concomitantes. Entre los ansiolíticos se encuentran las antiguas benzodiacepinas, como el diazepam, o las nuevas, como el alprazolam, que ejercen principalmente su acción actuando sobre el sistema GABA, un importante neurotransmisor de efecto inhibidor. Fármacos ansiolíticos que se siguen utilizando por su eficacia a pesar de que pueden crear dependencia.

En la química del cerebro no se encuentra la solución a todos nuestros problemas, pero sí se encuentra un tratamiento eficaz que mejora los síntomas de muchas enfermedades del cerebro. Neurotransmisores o sustancias químicas que intervienen en la comunicación entre neuronas organizadas a modo de sistemas y que se ven alterados en determinadas enfermedades. Un neurotransmisor, una enfermedad. Parkinson y esquizofrenia con dopamina. Alzheimer y acetilcolina. Depresión con noradrenalina y serotonina. Una visión excesivamente simplista que parece estar llegando a su fin. Las mentes pesimistas lo intuían: el cerebro es un órgano demasiado complejo para no sorprendernos y, después de tanta historia, comenzábamos a entenderlo.

El inconsciente de Freud

Puñetero sueño. Me desperté inquieta. Un sentimiento dual dominaba mi mente adormilada: seguir durmiendo y tratar de reanudar el puñetero sueño o despertarme y borrarlo con un plumazo de implacable realidad. La oscuridad de la habitación invitaba a seguir durmiendo. Sin imágenes, sin voz, muy adentro, como se habita en los sueños, su presencia invadía el espacio. Su sonrisa, su nariz, brillaban sus ojos frente a un mundo que devoraba con la mirada ignorando mi ansiedad. Respiré hondo y me levanté de la cama.

Cuénteme usted, relájese, regrese al sueño. Cuántos sueños rescatados en el diván de Freud. Damas y caballeros, relájense; Sigmund Freud (1856-1939), como él mismo se definió: más que un científico, un aventurero. Pero qué aventurero. Abrió caminos impensables, exploró las profundidades del ser humano hasta donde nadie antes había osado siquiera mirar, indagó bajo la superficie del comportamiento con la determinación y fuerza de su carácter. Una mente valiente y brillante. Controvertido y obstinado, no cesó en la búsqueda del inconsciente, o todo aquello que subyace en el sótano de nuestras vidas. Su valor y contribución al mundo de la ciencia y del pensamiento deben entenderse enmarcando sus teorías dentro de su propia biografía y el en contexto histórico que le tocó vivir.

Nacido en el seno de una familia austríaca de origen judío, Freud vivió y ejerció su profesión en la Viena de principios de siglo XX, una ciudad, por aquel entonces, dominada por una burguesía mayoritariamente católica y antisemita. Barreras y dificultades no le faltaron, pero encontró en dicho entorno el caldo de cultivo idóneo para el nacimiento y desarrollo de sus ideas: actitudes puritanas y machistas, doble moral con proliferación de la prostitución, un pozo de conflictos interiores aguardando a que el joven Freud definiera su destino. Hijo de un comerciante de lanas con tres matrimonios a cuestas, mucha descendencia y problemas en sus negocios, su padre era ya abuelo cuando él nació; y a pesar de haber sido el mayor de ocho hermanos y claramente el preferido de su madre, para ver cumplido su deseo de casarse y formar su propia familia no podía permitirse el lujo de ignorar los aspectos económicos de su futura dedicación profesional. Inicialmente interesado en la investigación científica, al finalizar la carrera de medicina decide especializarse en neurología, decantándose por la práctica clínica. Tras tres años de ejercicio hospitalario, se traslada unos meses a París a fin de continuar su formación junto al gran maestro de los maestros de la neurología: Jean Martin Charcot. Una estancia que resultó determinante para el joven Freud y acaso para el devenir del pensamiento de la sociedad occidental. Por aquel entonces, Charcot se encontraba investigando en la hipnosis como posible método a la hora de distinguir qué casos de parálisis eran debidos a enfermedades orgánicas y cuáles eran producto de la histeria. Y la hipnosis resultó el comienzo de los primeros pasos de Freud en su búsqueda particular: explorar no sólo las causas y el tratamiento de las neurosis, sino preguntarse por el desarrollo de la psique, analizar y encontrar una explicación a la conducta humana. Vaya desafío.

Paciente a paciente, método a método. De la hipnosis a la libre asociación. Métodos destinados a acceder al inconsciente y ayudar al paciente a revivir experiencias reprimidas. Los sueños como deseos y su interpretación en busca del contenido latente. Cuchillos, paraguas, objetos puntiagudos, cajas y cajones; sexo en cualquier símbolo. El comportamiento humano y sus motivaciones interiores impulsadas principalmente por aspectos relacionados con la sexualidad: una idea u obsesión que se fue apoderando de sus trabajos. El complejo de Edipo. Dominante y seguro de sí mismo, las desavenencias con sus numerosos discípulos no tardaron en aparecer; cada uno con su propia teoría. Intolerable. La ruptura con Carl Jung resultó especialmente traumática; como un hijo, hasta que comenzaron las discrepancias. Al igual que otros discípulos, Jung no estaba de acuerdo con el excesivo énfasis en el sexo que su querido maestro se empeñaba en sostener en cada una de sus teorías. Desavenencias que desembocaron en una enemistad declarada y el comienzo de un camino propio lleno de aportaciones al campo del comportamiento humano. Carl Jung

(Suiza, 1875-1961); recuerdo con especial emoción el encuentro con su pensamiento durante mi etapa de residente de neurología. Coincidencias y amistades que no olvidas. Conceptos como el inconsciente colectivo me han acompañado a lo largo de los años y me llena de satisfacción constatar que los avances en neurociencias, en cierta manera, apuntan en dicha dirección cuando se refieren a vías neuronales predeterminadas. El acercamiento al mundo de los arquetipos, del arte, *El hombre y sus símbolos*, todo un paraíso para quien desee averiguar más acerca de nuestro universo vital.

Mientras tanto, Freud seguía profundizando en sus teorías. Los nazis, un cáncer de boca y las numerosas intervenciones quirúrgicas a las que se vio sometido no interrumpieron su trabajo. Genio y figura, iniciador de lo desconocido, padre del psicoanálisis, sistema sobre el que se asientan las bases de diversas terapias psicológicas que continúan utilizándose hoy en día.

Fármacos o psicoterapia, un absurdo dilema cuando en absoluto son excluyentes. La psiquiatría ha elaborado una minuciosa clasificación de los trastornos mentales, y basándose en ella camina con paso firme hacia el mejor tratamiento en cada caso concreto. Los fármacos actuales son muy eficaces para reducir o eliminar síntomas, en ocasiones con una rapidez espectacular, y la psicoterapia puede ayudar al paciente a adaptarse y modificar comportamientos. Encontrar el equilibrio adecuado es el reto. Aunar esfuerzos entre los distintos campos especializados en neurociencias, la asignatura pendiente. A medida que aumentan los conocimientos sobre el cerebro, el estudio neurológico de la conducta en las enfermedades y lesiones cerebrales se vuelve más apasionante, pues no hay que olvidar que en cada caso, en cada paciente, se esconden las respuestas a tantos y tantos interrogantes sobre la condición humana. Las emociones como parte esencial de nuestro comportamiento. ¿Cómo se generan? ¿Qué áreas del cerebro participan y cómo se relacionan entre sí? Disimular la ira. Superar el miedo. Vivir en sociedad. Dos cerebros en uno: un cerebro inconsciente o emocional y un cerebro consciente; dos eslabones de la evolución superpuestos y condenados a entenderse.

El cerebro emocional

Sentí una repentina satisfacción personal, uno de esos inusuales momentos de armonía con una profesión, a menudo ejercida de forma excesivamente rutinaria. Me encontraba realizando una visita de control a un paciente diagnosticado de enfermedad de Parkinson. Su evolución clínica se podía considerar aceptable ya que mantenía la autonomía en sus actividades cotidianas. Charlábamos de modo distendido sobre un tema de actualidad, al margen de su enfermedad, cuando sin un motivo concreto salió a la luz nuestra desilusión compartida hacia la clase política en general. «No son dignos del poder que se les otorga», comentó el paciente con su habitual tono de voz apagado y monótono. «Todos a la calle», añadí. Entonces ocurrió el milagro que me alegró el día: de repente, el paciente sonrió. Insinuó una tenue sonrisa y la sostuvo congelada unos segundos. En todos los años que llevaba acudiendo a mi consulta no recordaba haberlo visto sonreír. Hombre educado y cordial, debido a su enfermedad se mostraba siempre con una inexpresividad facial muy acusada que dificultaba enormemente captar sus emociones y pensamientos: amimia facial o cara de jugador de póquer, como en mayor o menor medida ocurre en los pacientes parkinsonianos.

La expresión de las emociones. El animal social que llevamos dentro comenzó su andadura con sus emociones básicas orientadas a la supervivencia. Con el tiempo, nuestra especie ha ido desarrollando un repertorio de hasta 7.000 expresiones faciales con las que transmitir una compleja gama de matices emocionales; de la sonrisa espontánea dedicada al amor de tu vida a la sonrisa social dirigida a un cliente pelmazo; dos sonrisas que utilizan diferentes músculos faciales y diferentes rutas cerebrales. Sentir una emoción, expresarla; todo un sistema que nos ayuda a sobrevivir e influir en los demás. La inteligencia emocional, ¿puede enseñarse? Lo que no cabe duda es que conocer cada uno de los pasos implicados en la génesis y expresión de las emociones nos será de gran utilidad si queremos entender nuestras reacciones y las de quienes nos rodean.

En las profundidades del cerebro hallamos una serie de acúmulos de sustancia gris conectados entre sí formando un peculiar anillo; es el sistema límbico, identificado en 1937 por James Papez como la base neuronal de las emociones tras analizar los cerebros de un grupo de pacientes fallecidos por el virus de la rabia y encontrar lesiones en esta zona. El cerebro de las emociones, un conjunto de estructuras que corresponden a corteza primitiva evolucionada en los primeros anfibios y reptiles alrededor del tronco encefálico. Nuestro cerebro más primitivo o animal. Inconsciente y visceral. Un sistema cuyo conocimiento sobre sus regiones, circuitos y funciones se amplía conforme las técnicas de neuroimagen aportan nuevos datos: la circunvolución del cíngulo que rodea el cuerpo calloso, el hipocampo y la corteza parahipocámpica, la amígdala, el haz mamilotalámico y el tálamo anterior: un anillo, aún bastante enigmático, con funciones no sólo relacionadas con las emociones, formado por estructuras que reciben señales de entrada o *inputs* de todos los sistemas sensoriales y envían señales de salida o *outputs* hacia el hipotálamo, un área cerebral estratégica que dispone de los mecanismos apropiados para controlar el organismo y adaptarlo a la conducta seleccionada. Asimismo, las partes integrantes del sistema límbico están interconectadas con la corteza cerebral, muy especialmente con el lóbulo prefrontal, zona particularmente desarrollada en los cerebros humanos situada justo por delante de una pequeña estructura de este anillo de gran trascendencia para nuestro organismo: la amígdala, llamada así por su característica forma de almendra; centro clave en la respuesta a las amenazas o el peligro. El eje de la rueda del miedo (Joseph LeDoux).

Te despierta un ruido. Oyes unas pisadas cada vez más cercanas. Notas como el latido del corazón se acelera. Te levantas sobresaltada y te quedas unos segundos paralizada junto a la cama. ¿Un ladrón? ¿Quién si no? Vives sola y no son horas de entrar en una casa sin avisar. ¿Qué hacer? Se te ocurre salir corriendo y encerrarte en el cuarto de baño cuando, de repente, observas la habitación: no estás en tu casa. Te relajas y vuelves a respirar tranquila. ¿Qué ha sucedido en tan sólo unos segundos? Los mecanismos de alarma frente al miedo han entrado en acción; el ruido, o estímulo sensorial identificado como extraño, ha sido el desencadenante. Tras alcanzar el tálamo, ha llegado a la amígdala y ésta ha enviado urgentes señales al hipotálamo destinadas a la puesta en marcha de los mecanismos apropiados para la acción. El sobresalto te levanta de la cama, el corazón se acelera. Dudas. A la corteza frontal también le han llegado informes de la situación y está analizándolos. Transcurridos unos segundos, el caso queda aclarado y la corteza frontal envía señales a la amígdala a fin de que cese la alarma. El círculo se cierra al expresarse la emoción, en este caso, un discreto suspiro de alivio y una tenue sonrisa de ironía dedicada a la equívoca sensación de terror generada.

Ante cualquier situación que identificamos como peligrosa, nuestro cuerpo se prepara para la acción; las pupilas se dilatan, aumenta la frecuencia cardiaca, la respiración se acelera, los músculos se tensan y comenzamos a actuar: apagar un fuego, salir corriendo, pedir ayuda. Más entrada de luz, más sangre, más oxígeno. Todos los órganos del cuerpo puestos en marcha a distancia desde una pequeña estructura que representa menos del 1% del volumen cerebral y que controla una gran variedad de conductas: el hipotálamo. ¿Cómo se organiza para ejercer tal poder de mando sobre todo el organismo y obtener una respuesta tan inmediata? ¿Cómo se traduce en acciones concretas el bombardeo de señales que le llegan tanto de los lóbulos frontales como del sistema límbico? Fundamentalmente, a través de dos mecanismos: uno, actuando sobre el sistema nervioso autónomo o vegetativo (simpático y parasimpático) que corresponde a las vías periféricas encargadas de inervar los órganos internos, y dos, actuando sobre la glándula hipofisaria (a la que se encuentra unido por una prolongación o pedúnculo) mediante el control de su secreción hormonal a través de un mecanismo de retroalimentación. Subes tú, bajo yo. Y viceversa. Un perfecto equilibrio donde participan diversas sustancias químicas o neurotransmisores, además de ciertas hormonas; unas u otras en función de las señales recibidas con el objetivo de poner en marcha la conducta seleccionada: conductas reguladoras para mantener la estabilidad homeostática del organismo, como el control de la temperatura, comer y beber, y conductas motivadoras no reguladoras ordenadas por la corteza frontal y el sistema límbico, que abarcan desde las relaciones sexuales hasta actividades relacionadas con la curiosidad, conductas en su gran mayoría influidas por estímulos externos donde la motivación desempeña un papel clave. Conducta y emociones, núcleos, centros y sistemas dentro de un universo ordenado; hasta que, sin razón aparente, estalla la alarma.

«Me sentí morir. Me encontraba perfectamente bien y, de pronto, la habitación comenzó a girar. Me costaba respirar, el pulso se me aceleró tanto que pensé en un ataque al corazón, creí morir. Cuando llegué al hospital continuaba mareada, pero ya me sentía mejor. Tardaron casi una hora en visitarme. Me encontraron bien, claro, si ya me sentía bien. Si hubiera sucedido una sola vez no estaría aquí, con el trabajo que tengo, pero en esta semana me ha ocurrido en tres ocasiones, no puedo seguir así.» Después de concretar datos de su historia clínica, explorarla y revisar sus análisis, no existían dudas diagnósticas. Por su expresión, adiviné su incredulidad mientras le informaba de mis conclusiones. No entendía cómo era posible que tuviera crisis de pánico si ella nunca antes había tenido problemas psicológicos ni nada parecido, se encontraba un poco más estresada de lo habitual, nada más. Y nada menos. Traté de exponérselo de modo más didáctico y detallado: las crisis de pánico son un tipo de trastorno de ansiedad que cursa con episodios recurrentes y no es infrecuente que aparezcan en situaciones de aparente tranquilidad. Mientras dibujaba un esquema de la amígdala con flechas subiendo y bajando, le expliqué la interpretación actual de estos ataques súbitos de pánico como forma alterada de los mecanismos normales implicados en el miedo. Por lo general, los pacientes suelen responder bien a la medicación, pero es conveniente una valoración detallada de la ansiedad y estrés por parte de un psiquiatra, concluí. «¡Un psiquiatra! ¡Lo que me faltaba!» El tono de voz, la expresión de su cara, alcanzaron de lleno mi sistema límbico, y probablemente a través de una de sus estructuras, el hipocampo (área esencial en los procesos de la memoria); rescaté una frase del repertorio existencial ya olvidado o superado por parte de uno de mis hermanos: «Esto es lo que hay». Pero cuando me encontraba a punto de pronunciarla, mis lóbulos frontales entraron en juego y el resultado fue un comentario más suavizado y afinado, hasta el punto de que me quedé con la sensación de que la paciente se marchaba más tranquila y convencida de que sus crisis de pánico precisaban tratamiento farmacológico y una valoración psicológica adecuada.

Aprender a controlar las emociones, pero también aprender a escucharlas. La importancia de las emociones en la toma de decisiones expuesta con detalle y maestría por el neurólogo portugués, Antonio R. Damasio, en su libro *El error de Descartes*. Escuchar la reacción de nuestro cuerpo ante las diferentes alternativas vitales. El instinto de nuestros antepasados como brújula de inestimable valor en un laberinto de complicadas decisiones. Mente y cuerpo. Ni las emociones son un proceso únicamente mental, ni pueden explicarse como meras reacciones corporales ignorando la participación de la corteza frontal, que las eleva al ámbito de lo consciente y las sofistica hasta enmascararlas en una tela de intrigas y posibilidades que nos conducen a la sugerente sospecha de que, quizá, la historia de las emociones de nuestra especie no haya hecho más que empezar.

El cerebro consciente

«Buenos días.» Rotundo y decidido, entró en el despacho y se sentó. Me quedé mirándole fijamente. Llevaba controlándole desde hacía meses y era la primera vez que le escuchaba pronunciar una frase por iniciativa propia. «Buenos días», volvió a repetir. Su familia captó mi perplejidad: «Sí, sí, se encuentra un poco más sociable y colaborador». Un simple saludo pero espontáneo y elaborado por un cerebro gravemente lesionado hacía más de dos años por un accidente laboral. Durante toda la visita comprobé que mi ojo clínico no se había ilusionado con excesiva celeridad; la mejoría en su manera de responder a mis preguntas y su actitud más suelta y desenfadada en el modo de moverse, aunque sutiles, eran dos constataciones clínicas significativas. Su mujer parecía más tranquila de lo habitual. A pesar de que sus hijos la ayudaban en lo que podían, era ella quien soportaba la pesada carga de ocuparse las 24 horas del día de un marido irreconocible desde el accidente; como si se lo hubieran cambiado en el hospital. Del gruñón aunque en el fondo cariñoso padre de familia responsable y trabajador, aficionado al fútbol y al dominó, buen amigo de sus amigos, algo soñador en la intimidad, había pasado a convivir con una especie de autómata de casi inapreciables sentimientos, incapaz de tomar la iniciativa para realizar la más sencilla actividad cotidiana. Ella elegía su ropa, lo vestía, lo bañaba. No es que estuviera paralizado; se movía algo lento, pero más o menos correctamente. El caso es que no se le ocurría ninguna actividad; apenas hablaba, conservaba la capacidad para entender y expresarse; sin embargo, sólo respondía a preguntas directas y con frases muy cortas: sí o no; casi siempre sí o no. Una pena, una pena irreparable, la caída del andamio lo había convertido en un ser dependiente, sin planes inmediatos ni futuros, y para colmo, a menudo se enfadaba si se le llevaba la contraria, se irritaba hasta el punto de resultar agresivo. Con mucha paciencia, su mujer había aprendido a manejarlo, pero a veces pasaba auténtico miedo. En ese aspecto, algo había mejorado con la nueva medicación, un alivio; por lo demás, hacía tiempo que ella había perdido la esperanza de recuperar al hombre de su vida, sólo luchaba por conseguir pequeñas luces de ilusión en el rostro de la persona que, a pesar de todo, seguía queriendo; por eso se sentía animada, un pequeño milagro había ocurrido en sus vidas: su marido comenzaba a comportarse con un poco más de espontaneidad e iniciativa. Las clases de estimulación neuropsicológica que venía siguiendo en nuestra unidad de memoria especializada en rehabilitación de funciones superiores comenzaban a dar sus frutos. Albañil de profesión, en algún lugar de su cerebro guardaba el manual de instrucciones aprendido con tantos años de oficio, quién sabe si con el tiempo podría llegar a entretenerse realizando trabajos de utilidad para la casa. Quién sabe.

¿Qué áreas del cerebro habían resultado dañadas para que una persona capaz de moverse, hablar, entender y memorizar información, hubiera dejado realmente de ser? Planear, sentir, vivir como un ser social. El traumatismo craneal sufrido le había provocado una hemorragia cerebral en la zona anterior de ambos lóbulos frontales dejándole una extensa necrosis o tejido celular muerto en estas áreas llamadas *prefrontales*, a su vez divididas en varios compartimentos, áreas especialmente desarrolladas en los seres humanos. El cerebro de la civilización. La parte de nuestro cerebro más misteriosa y apasionante. Tan diversas y complejas son sus funciones, tan deslumbrante la posibilidad real de que aquí se genere la conciencia de uno mismo, el pensamiento abstracto, la razón de ser personas, que no debemos precipitarnos en extraer conclusiones existencialistas; y es preciso continuar avanzando paso a paso en su conocimiento. La conciencia como producto de la actividad del cerebro o un misterio impenetrable. Ya se verá. De momento, evidencias tras evidencias sitúan la base neuronal de la conciencia en esta zona anterior de los lóbulos frontales: la corteza prefrontal o región responsable de la percepción consciente de las emociones y de la capacidad para prestar atención, área ampliamente conectada con las otras zonas corticales, el sistema límbico, el tálamo y el tronco cerebral. Un flujo constante de información que fluye en ambas direcciones para hacer posible la conciencia. ¿Y respecto a nuestra manera de ser y comportarnos, de sentir las emociones y expresarlas, de enfrentarnos al mundo? ¿Qué áreas del cerebro son las responsables de nuestra personalidad? El estudio de pacientes con lesiones cerebrales también nos va a hacer meditar sobre nuestra tan preciada individualidad.

Dr. Jekyll y Mr. Hyde

Una mujer de 72 años, elegante y educada hasta el extremo de comportarse en todo momento con excesiva contención, siempre correcta, reservada y poco expresiva en sus afectos, ordenada y responsable en la organización familiar, algo pesimista desde su juventud, como cada mañana, se había arreglado para salir de compras; algún recado, el mercado y luego el aperitivo con las amigas. «Entró en el bar canturreando. Seis éramos las amigas y las seis nos miramos extrañadas. *Asturias patria querida,* menuda manera de desafinar» –me detalla una de ellas–, «nos fue besando y abrazando, una por una, si sólo hubiera sido eso, ya era hora de que algún día se mostrara alegre y desenfadada, pero llevaba puesto el vestido al revés, y el sostén por encima, ¡ella siempre tan arreglada! Insiste en que se encuentra bien, nunca se ha sentido tan bien, dice, pero he preferido traerla para que la vean de urgencia, repite que no le pasa nada, y sin embargo se ha mostrado encantada, casi entusiasmada de acudir al médico ¡Es todo tan extraño!»

Efectivamente su conducta era extraña. Sin conocerla, se apreciaba un cierto estado de euforia y desinhibición patológico. Me llamó la atención la exploración de sus funciones superiores. En contra de lo que podía sospecharse, se encontraba bien orientada en tiempo, espacio y persona. Le costaba prestar atención, pero retuvo bien las palabras que le pedí que memorizara para posteriormente preguntárselas. «Peseta, caballo, manzana», respondió sin fallos. Le solicité que escribiera una frase, cualquier frase que se le ocurriese. «Me encanta tu consulta», escribió. Sonreí y no me quedó claro si me devolvía la sonrisa, ya que mantenía una especie de sonrisa permanente. Pasé a la exploración física; la paciente se desvistió sin ayuda, se desabrochó el sostén sin inmutarse por el hecho de que estuviera por encima del resto de su ropa. Como único hallazgo reseñable, su tensión arterial estaba algo elevada; por lo demás, no objetivé datos de focalidad neurológica que orientaran hacia un proceso patológico intracraneal. El día anterior se había comportado normalmente, por lo que el cuadro actual era de inicio agudo. La interrogué sobre posibles tóxicos y se rió, nos reímos, pues comprendí que tenía razón en considerar absurdas mis sospechas. A su edad y con su carácter. Quizá había sufrido un golpe en la cabeza, un golpe que en ocasiones puede pasar desapercibido y días después aparecen las complicaciones. Eso es, pensé, a pesar de que la paciente lo negaba:

«No he tenido un accidente en mi vida». Solicité de modo urgente un scanner craneal y esperé los resultados con la sospecha firme de que la paciente presentaba un hematoma subdural (sangre en el espacio entre el hueso craneal y el cerebro) secundario a un traumatismo craneal ocurrido días antes y que la paciente no recordaba.

En cuanto vi el resultado del scanner me puse un suspenso como nota. Reflexioné sobre lo difícil que debió ser ejercer la medicina en la época anterior a las actuales pruebas diagnósticas. La paciente presentaba un extenso hematoma pero no en el espacio subdural, sino dentro del parénquima o tejido cerebral del lóbulo temporal derecho. Algún vaso arterial se había roto en el interior de su cerebro y le había cambiado su personalidad: de introvertida a extrovertida, de pesimista y detallista a alegre e indiferente.

Después de unos días de ingreso, durante los cuales se completó el estudio y no se encontró otra causa del sangrado, exceptuando una hipertensión arterial por la que se inició tratamiento, la paciente se fue a su casa contenta y mucho más feliz que antes de la hemorragia. En sucesivas visitas de revisión ambulatoria, comprobé que su conducta, aunque iba normalizándose, distaba mucho de ser la de antes: seguía muy desinhibida teniendo en cuenta los parámetros de nuestra cartesiana sociedad y se había añadido una tendencia a la ansiedad y a cambios de humor. Además de un tratamiento farmacológico para tratar de regular dichos problemas conductuales, le aconsejé que comenzara a realizar rehabilitación neuropsicológica dado que persistían fallos de atención y memoria evidenciados a través de una exploración detallada. Demasiado esfuerzo para una persona que se encontraba bien y que no acababa de entender tanta visita al médico. No he vuelto a verla. Confío en que no haya dejado de controlarse la tensión arterial y ojalá se mantenga alegre, con una conducta más equilibrada y adaptada a su entorno vital.

Dos hemisferios. Uno soñador, más emocional, intuitivo: el derecho; otro analítico, lógico, racional: el izquierdo. ¿Qué hay de cierto en esta visión simplificada de nuestro cerebro? Sus múltiples conexiones hacen que trabajen conjuntamente y que no sea sencillo averiguar el funcionamiento de ambos hemisferios por separado en relación con las emociones y sentimientos. Cuando uno de los dos se lesiona, el otro queda liberado. Las personas que sufren lesiones en el hemisferio izquierdo reaccionan con dramatismo, por el contrario, si la lesión se produce en el hemisferio derecho, el paciente a menudo se muestra indiferente. Como detalla John J. Ratey en su libro *El cerebro, manual de instrucciones*, es posible que los procesos neurales responsables de las preocupaciones se localicen en el hemisferio derecho, eso explicaría el estado de indiferencia en los pacientes con lesiones en el hemisferio derecho. Toda una vida enlatada en preocupaciones deja paso a una nueva manera de ver y sentir el mundo.

¿Quiénes somos?

13. MEMORIA Y APRENDIZAJE

J.L. era un hombre inteligente e ingenioso. Poco interesado por un trabajo rutinario, en sus ratos libres escribía cuentos infantiles y jugaba al tenis con regularidad. Y así continuaba, ganando partidos de tenis aunque no recordaba haberlos jugado; escribiendo y tal vez soñando con premios literarios, pese a que desde el momento mismo de la ruptura de un pequeño aneurisma en el interior de su cerebro ya no era capaz de retener nueva información. ¿Qué estructuras cerebrales habían resultado dañadas para que una mente capaz de expresarse y razonar correctamente olvidara toda clase de conversaciones y hechos recientes, y sin embargo continuara recordando buena parte de su pasado anterior al accidente vascular cerebral?

La memoria y sus diferentes tipos. Los distintos entramados neuronales implicados. Cada paciente con su particular pérdida de memoria en función de su lesión y numerosos estudios en animales de experimentación como principales fuentes de investigación. Paso a paso, los secretos de la memoria se van desvelando aunque aún estemos lejos de poder sentarnos a debatir con Platón. El conocimiento como don. No hay enseñanza sino reminiscencia, nos muestra el maestro con envolvente y prodigiosa capacidad de razonamiento en sus *Diálogos entre Sócrates y Menón*. Los recuerdos, ¿dónde y cómo se almacenan? ¿Cómo se recuperan? Conocer cómo funciona la memoria y poder incidir sobre ella, entre un sinfín de posibilidades, nos ayudará a no olvidar lecturas inmortales.

¿Qué es la memoria?

El intento de encontrar una definición acertada para una función tan multifacética es un ejercicio de síntesis que inevitablemente no contentará a todas las partes implicadas: registro de la información, fijación, retención, almacenamiento, reconocimiento, recuerdo y reproducción. Y todo ello forma parte de lo que llamamos memoria. Memoria y aprendizaje, puesto que ambas funciones son inseparables aunque con matices diferenciales: mientras que la memoria se puede definir como la capacidad para recordar o reconocer la experiencia previa, el aprendizaje representa un cambio relativamente permanente en la conducta del organismo como resultado de la experiencia. ¿Cambios en la estructura neural? ¿Qué cambios? De alguna manera, cada nueva experiencia deja huella en el entramado de nuestro cerebro. Descubrir en qué consisten estos cambios es uno de los desafíos en curso más fascinantes de las neurociencias, si bien antes de adentrarnos en las neuronas es aconsejable una revisión de los distintos tipos de memoria con la finalidad centrar el tema desde una perspectiva global.

J.L. era un buen jugador de tenis, y seguía siéndolo. Su lesión cerebral, además de una amnesia anterógrada o imposibilidad de adquirir nueva información, lo había dejado con un carácter menos competitivo, y eso se reflejaba en su juego. Por lo demás, sus golpes eran certeros, su revés a dos manos, ganador. Unos movimientos aprendidos en su infancia que, en esencia, permanecían inalterados. Y es que los mecanismos implicados en la memoria implícita o inconsciente no habían resultado dañados al romperse el aneurisma. Por otro lado, conservaba relativamente intacta su memoria retrógrada o capacidad para recordar sucesos y datos memorizados previamente a la lesión, lo que le permitía acordarse de las reglas del juego, si bien precisaba que alguien le fuera recordando en cada momento el tanteo del partido para situarse correctamente en su particular presente detenido en el tiempo.

J.L. seguía un programa de rehabilitación cognitiva en nuestra unidad de memoria. Cuando la neuropsicóloga le mostraba un listado de palabras (casa, caballo, ventana, jardín...) y le pedía que las leyera y tratara de memorizarlas, ocurría un hecho curioso: al cabo de unos minutos no recordaba haber leído el listado, pero en cambio las nombraba ante preguntas indirectas, por ejemplo que dijera cualquier palabra iniciada por *ca*. Casa, caballo. Como si alguna forma de aprendizaje inconsciente hubiera intervenido en la lectura del listado; una memoria implícita o inconsciente que el paciente mantenía intacta mientras que los mecanismos de su memoria explícita o consciente estaban alterados, por lo que no recordaba haber leído el listado. Explicita e implícita, voluntaria e involuntaria: dos grandes bloques de memoria que utilizan distintas estructuras o entramados neuronales y que abarcan tanto la memoria verbal como la visual, así como tareas de aprendizaje motor, como aprender a montar en bicicleta (ejemplo de movimientos que en su día se aprenden conscientemente para luego pasar al baúl de la memoria inconsciente). Dos grandes bloques de memoria de alguna manera intercomunicados.

Memoria a corto y largo plazo

A nadie escapa un detalle no por evidente menos significativo: el tiempo que dura la retención de la información recibida es muy variable. Memorizamos un número de teléfono el tiempo justo de marcarlo y luego lo desechamos, nos acordamos del nombre de nuestro padre de por vida. De la memoria a corto plazo a la memoria a largo plazo; un circuito neuronal creado para retener y recuperar los recuerdos, pero también, y muy especialmente, para olvidarlos. Memoria inmediata, memoria de fijación o reciente y memoria de evocación o remota; un modelo útil, aunque simplificado, de los distintos tipos de memoria basado en el tiempo de retención de la información, con el lóbulo frontal desempeñando un papel determinante en las memorias transitorias, y el lóbulo temporal jugando un papel central en el almacenamiento a largo plazo de la información verbal.

Para J.L., cada vez que entraba en mi consulta era la primera vez. Ni sabía qué había venido a hacer, ni me reconocía después de sucesivas visitas de revisión tras la ruptura del aneurisma. Por el contrario, S.B., diagnosticado de demencia degenerativa tipo enfermedad de Alzheimer, demostraba alegrarse al verme; me saludaba con exquisita educación y se sentaba con la naturalidad de quien sabe dónde se encuentra. En pleno curso evolutivo de su enfermedad, había sido capaz de incluirme en el almacén de su memoria y me rescataba cada vez que me veía. A pesar de su deterioro cognitivo amplio, con fallos evidentes de memoria en sus actividades cotidianas, conservaba la capacidad para reconocerme de inmediato y relacionarme como su médico. Así pues, me encontraba incluida en sus recuerdos a largo plazo. Abogado de profesión, continuaba acudiendo diariamente a su despacho. Cada mañana, su mujer, con sutil delicadeza, le preparaba el baño, las toallas a mano, el traje recién planchado sobre la cama. Le dejaba vestirse solo y luego retocaba detalles: el nudo de la corbata, las mangas de la camisa. Impecable, salía de su casa hacia el trabajo caminando por un recorrido que llevaba haciendo más de treinta años. Dos de sus hijos trabajaban con él, y, de hecho, su presencia en el despacho era meramente testimonial, pero con 73 años recién cumplidos no tenía ninguna intención de jubilarse. Leía o parecía que leía los periódicos, ordenaba o desordenaba manuscritos, ya no trataba directamente con clientes aunque no se mostraba molesto con su papel de director honorífico, entre otras razones porque su secretaria de toda la vida manejaba con maestría la doble función de obedecer sus órdenes sin cumplirlas. Era llamativa su nula conciencia de enfermedad; se mostraba indiferente a sus problemas de expresión y comprensión oral y escrita. Sus frecuentes olvidos de hechos recientes y sus constantes repeticiones simplemente eran para él exageraciones de su familia. Olvido tras olvido, S.B. vivía relativamente tranquilo si no se le llevaba la contraria. Su cuadro de demencia o deterioro cognitivo amplio y progresivo de varios años de evolución, aunque lentamente, avanzaba. No obstante, todavía era capaz de mantener cierta autonomía en sus actividades cotidianas. Su memoria remota, por el momento, se mantenía más o menos conservada, pero sus fallos de memoria reciente eran cada vez más pronunciados, traduciendo fundamentalmente un déficit en la capacidad para fijar o retener nueva información. Sus olvidos de hechos recientes eran la norma, pero a diferencia del paciente con amnesia anterógrada por ruptura de un aneurisma, no existía ninguna barrera o gradiente temporal en su historial; su vida no se había detenido en el tiempo. Olvidando fechas, hechos y nombres, vivía en su particular nube hacia ninguna parte.

La memoria de trabajo

Así vivía mi apreciado paciente abogado de reconocido prestigio, quien no tenía ninguna intención de jubilarse. Día tras día, un caos de vida solapado por el exquisito cuidado de su mujer unido al apoyo de sus hijos y la astucia de su secretaria. Un caos de vida, si bien cada vez que acudía a revisión había algo en su actitud que me impresionaba gratamente, algo que tardé meses en racionalizar: su severo deterioro de funciones superiores se evidenciaba nada más entablar con él una sencilla conversación, pero a pesar de ello aún conservaba un componente esencial de su propio ser: se reconocía a sí mismo. En su interior continuaba siendo un meticuloso y eficaz abogado, marido fiel y padre exigente con fuertes conviccciones morales. Y así procuraba comportarse. En cierta forma, aún consideraba sus propias acciones en función de sus creencias, metas e ilusiones, aunque ya no fuera capaz de llevarlas a cabo.

Nos conocemos a nosotros mismos porque nos recordamos. Pero ¿a través de qué mecanismos nos recordamos? ¿De qué clase de memoria estamos hablando? Estamos hablando de una memoria crucial que registra la actividad presente mientras recupera información de memoria a largo plazo. Estamos hablando de una memoria indispensable para pasar de un momento a otro manteniendo una línea de continuidad. Estamos hablando del pegamento mental de nuestro cerebro que mantiene juntas desde el principio hasta el final múltiples conexiones mientras tenemos una idea o ejecutamos una acción, como describe John J. Ratey en su libro *El cerebro, manual de instrucciones*. En definitiva, hablamos de la memoria de trabajo; una memoria que forma parte de las funciones ejecutivas de la corteza prefrontal, complejísima memoria que podemos explorar con la simple prueba de pedir al paciente que repita a la inversa una serie de dígitos: 8-9-3-4. Retener mentalmente los cuatro números e irlos diciendo a la inversa. Cada día nos enfrentamos a cientos de tareas; mientras vamos al baño recordamos que debemos sacar la ropa de la lavadora. ¡Con qué frecuencia olvidamos la tarea que pensamos hacer si no actuamos de modo inmediato! La memoria de trabajo o memoria humana por excelencia es la más cotidiana de nuestras memorias y la que se ve más afectada a medida que envejecemos. Pese a ello, el pegamento continúa pegando, puesto que en ausencia de lesiones o enfermedades que dañen determinadas áreas cerebrales continuaremos reconociéndonos a nosotros mismos hasta el último de nuestros días.

La metamemoria

Mientras S.B. se recordaba a sí mismo, pero se mostraba indiferente a su pérdida de memoria, comportándose como si no fuera realmente consciente de sus repetidos olvidos, la ansiedad y preocupación transmitidas por C.P. al consultar por sus fallos cotidianos de memoria me condujo a un error diagnóstico inicial. Mujer de 70 años, con un estado general de salud excelente, ágil y elegante, de trato encantador, era consciente de sus despistes y olvidos hasta el punto de provocarle o acentuarle un estado de ansiedad que automedicaba con diversos ansiolíticos. En una primera exploración detecté problemas centrados fundamentalmente en las pruebas de atención y concentración, por lo que deduje que la ansiedad era la principal causa de sus frecuentes despistes. Le aconsejé que iniciara un tratamiento antidepresivo a la vez que debía reducir paulatinamente, hasta su suspensión, su hábito a la medicación ansiolítica que empeoraba su capacidad de atención. Paralelamente, le solicité un scanner craneal junto con una analítica general (incluyendo el estudio de las hormonas tiroideas y los niveles de vitamina B_{12} y ácido fólico) para descartar causas secundarias o tratables de demencia en una fase o estadio inicial.

El día que acudió a revisión con las pruebas ya realizadas evidencié una franca mejoría en su estado de ánimo. La analítica era normal y en el scanner craneal únicamente se objetivaba una moderada atrofia cerebral acorde con su edad. Extrañada ante mi optimismo, su hija dejó escapar algún hecho concreto de la memoria de su madre: continuaban las repeticiones, continuaban los frecuentes y llamativos olvidos, la mera realización de las pruebas había sido toda una odisea; errores de día, de lugar, pérdida de los resultados... Para despejar dudas, le solicité unos tests amplios de memoria y del resto de funciones superiores. El estudio decantó la balanza hacia las sospechas de la hija, ya que constató un deterioro cognitivo compatible con el diagnóstico de enfermedad de Alzheimer que la evolución clínica confirmó.

Dos pacientes con demencia. Dos historias contrapuestas con relación a la metamemoria o facultad de tener conocimiento de la propia capacidad memorística. Intuir lo que se sabe y lo que no se sabe. Tener en la punta de la lengua un nombre. Quien sabe que no sabe conserva esa sutil pero esencial competencia llamada *metamemoria* que las investigaciones relacionan con los lóbulos frontales. Saber o no saber que no se sabe: cuestión que nos acerca a la conciencia misma del conocimiento. Que alguien vaya en busca de Platón.

Memoria semántica y episódica

Aunque las distintas memorias están muy interrelacionadas y tratar de separarlas equivale a simplificarlas en exceso, la evidencia nos muestra que algunos recuerdos están ligados a la experiencia personal, y otros no. La memoria episódica se refiere a aquellos sucesos que recordamos enmarcados en el tiempo, recuerdos que al ser autobiográficos son susceptibles de distorsiones personales en relación, por ejemplo, con el estado de ánimo del momento en que ocurrieron, por lo que son relativamente poco fiables. Por el contrario, la memoria semántica está desligada de la experiencia personal, aunque en un inicio pudo haberlo estado; es la biblioteca de conocimientos que cada uno va recopilando en su interior: fechas, hechos, objetos, nombres... una memoria formada y potenciada mediante la repetición rutinaria y la capacidad para categorizar y generalizar. El lenguaje requiere en gran medida de esta memoria semántica.

Hombre vital y de inteligencia privilegiada, M.T. continuaba ejerciendo su profesión a pesar de haber superado con creces la edad de jubilación. Disfrutaba de su trabajo, y sus facultades físicas y mentales eran envidiables. Un día vino a mi consulta algo preocupado; llevaba unos meses notando problemas de denominación. Sabía que con la edad son frecuentes los *lapsus* de memoria con relación a los nombres propios de personas conocidas o incluso amigas, pero lo que realmente le extrañaba era que, de repente, se quedaba en blanco ante objetos tan comunes como un bolígrafo o un espejo. Los reconocía en el acto, pero en ese momento era incapaz de nombrarlos. Me contó su problema con excelente fluidez verbal y no erró en ninguna palabra cuando le mostré una larga lista de objetos, por lo que resté importancia al problema interpretando que sus fallos eran puntuales; no obstante, le solicité una resonancia craneal a fin de descartar una posible patología vascular en áreas relacionadas con el lenguaje. El resultado de la prueba fue normal y quedamos en vernos en unos meses y valorar de nuevo el caso.

Acudió a la siguiente revisión convencido de que su problema no podía ser únicamente por la edad, por mucho que continuara sin detectarse ninguna alteración reseñable. Me mostró una pequeña libreta donde apuntaba las palabras que solían fallarle y que, con disimulo, revisaba cuando quería utilizarlas. Al ojearla comprendí la importancia del caso. En los meses siguientes se confirmó el diagnóstico: el paciente estaba perdiendo categorías enteras de palabras: objetos, animales... Lo que había comenzado con ocasionales problemas de denominación, se había ido acentuado hasta el punto de evolucionar hacia un deterioro severo de su memoria semántica. La memoria inmediata, reciente y remota, así como la memoria episódica, se mantenían prácticamente intactas; por lo demás, conservaba una envidiable capacidad de aprendizaje y razonamiento, con un lenguaje sorprendentemente fluido dado su severo problema en las pruebas de denominación. Sin embargo, no existían dudas diagnósticas: su biblioteca de conocimiento con relación a determinadas categorías de palabras se estaba vaciando.

¿Dónde y cómo se almacenan los recuerdos?

Preguntas al alcance de las neurociencias actuales. Increíble pero cierto. Nos estamos aproximando al entendimiento de cómo nuestro cerebro es capaz de aprender de la experiencia mediante cambios en la estructura de sus neuronas. Comienzan a aclararse aspectos básicos sobre cuáles son estos cambios y qué áreas del cerebro participan, así como el modo en que los recuerdos se almacenan y cómo se recuperan cuando los invocamos. Fascinantes descubrimientos que abren puertas a la imaginación de los investigadores para seguir avanzando en el conocimiento del complejo rompecabezas que configura esta función básica en los seres vivos; fuerza que une las distintas armas de nuestro cerebro inteligente: la memoria. Y, como en toda historia de investigación científica, incontables esfuerzos anónimos han contribuido a situarnos en la actual línea de conocimiento, si bien ciertos estudios han sido determinantes.

El caso de H.M. merece especial mención; explorado durante más de 50 años por su severo cuadro de amnesia desde que fue intervenido quirúrgicamente debido a una epilepsia incontrolable. La extirpación de la región medial de ambos lóbulos temporales había conseguido controlar sus crisis, pero le había provocado una incapacidad para retener nada nuevo ocurrido tras la intervención. Sometido a exhaustivas pruebas neuropsicológicas, año tras año, sin rechistar, entre otras razones porque pasados unos minutos no recordaba habérselas realizado.

Hombre educado, con un coeficiente de inteligencia por encima de la media y una fluida conversación, vivía olvidando todos los hechos que acababan de suceder, como el caso de mi paciente con ruptura de un aneurisma cerebral, aunque más acusado y dramático al no mejorar con el tiempo y mantenerse sin poder incorporar prácticamente nada nuevo en su vida, incluyendo hechos tan impactantes como el fallecimiento de su padre, lo que le suponía revivir el sentimiento de duelo cada vez que preguntaba por él y era informado de la triste noticia para poco después olvidarlo. ¿Qué había sucedido con su memoria al extirparle ambas regiones mediales de los lóbulos temporales? ¿Se había privado a H.M. de las áreas cerebrales donde se almacena la memoria? No exactamente, pues el paciente conservaba gran parte de los conocimientos y recuerdos adquiridos con anterioridad a la intervención y era capaz de rescatarlos. ¿Qué había sucedido realmente?, se preguntaron los investigadores que comenzaron a plantearse la posibilidad de que –como ocurre con otras funciones– la memoria y el aprendizaje pudieran no localizarse en una zona cerebral concreta, sino que probablemente estuvieran implicadas muy diversas estructuras distribuidas por distintas partes del cerebro. De hecho, hoy se reconoce que prácticamente todo el sistema nervioso puede cambiar con la experiencia, y que distintas experiencias cambian diferentes partes, si bien también sabemos que los circuitos de la memoria están configurados por determinadas estructuras consideradas clave, cuya lesión alterará ciertas capacidades de la memoria o aprendizaje aunque ello no signifique que la función en sí misma se localice en dichas áreas.

Tanto mi paciente con una lesión localizada en la zona basal frontal secundaria a la hemorragia provocada al rompérsele un aneurisma de la arteria comunicante anterior, como H.M., privado de ambas regiones mediales de sus lóbulos temporales, olvidaban la información reciente en tan sólo unos minutos. Ambos se mostraban incapaces de aprender nada nuevo a través de su memoria explícita o consciente, como si el daño o la extirpación de determinadas estructuras integrantes de dichas áreas les hubiera provocado un cortocircuito y los hubiera dejado sin la capacidad para que los datos adquiridos a través de los mecanismos de su memoria a corto plazo pasaran a las zonas encargadas de la retención a largo plazo.

Tras años de investigación han quedado establecidas las estructuras de las áreas referidas consideradas como determinantes para que la memoria explícita se mantenga intacta; de la región temporal medial destaca la amígdala, el hipocampo y las estructuras corticales parahipocámpicas como la corteza entorrinal, además de otras formaciones diencefálicas incluyendo las porciones mediales de los núcleos dorsomediales y adyacentes de la línea media del tálamo. En la base de los lóbulos frontales se encuentra una serie de núcleos septales, destacando el núcleo acumbens, en conexión con el hipocampo y con la amígdala, también esenciales para la integridad del circuito de la memoria explícita. Por otro lado, la memoria implícita o inconsciente, según apuntan las investigaciones, dependería de otro circuito formado por los núcleos de la base en conexión con la neocorteza. Se ha propuesto un tercer sistema que incluye la amígdala y sus estructuras asociadas como fundamento neural de la memoria emocional. Así pues, aunque la memoria humana se reparte por todo el cerebro, ciertas estructuras y circuitos neurales están asociados a diferentes tipos de memoria y aprendizaje; de los lóbulos frontales encargados de la memoria a corto plazo a los lóbulos temporales con el hipocampo como área de especial relevancia para la memoria a largo plazo. Unas bases anatómicas bien establecidas que nos ayudarán a comenzar a entender cómo aprendemos y por qué olvidamos.

Quizá ahora sí estemos en condiciones de plantearnos una de las preguntas que más intrigan a nuestras mentes en busca de verdades impactantes: ¿Cómo se almacenan los recuerdos? ¿Qué mecanismos celulares hacen posible que aprendamos cosas nuevas y podamos recordar desde una canción a lo que comimos ayer, consejos dados por nuestro padre en la adolescencia o momentos emotivos de un viaje de placer? En busca de respuestas, la ciencia ha explorado a fondo el interior de las neuronas, y, en este campo de investigación que aún navega entre certezas e hipótesis por confirmar, los animales de experimentación han aportado conocimientos esenciales.

Ya Santiago Ramón y Cajal, en 1928, había sugerido que el proceso de aprendizaje podía estar relacionado con cambios morfológicos duraderos en las sinapsis o ese diminuto espacio de comunicación entre neuronas. Pero teniendo en cuenta que se calcula que una única neurona puede llegar a recibir hasta 10.000 conexiones sinápticas, ¿dónde y cómo buscar dentro del encéfalo esos cambios? La búsqueda de recuerdos específicos: un reto que parecía inalcanzable. ¿Por dónde comenzar a investigar? Como en otros muchos enigmas planteados en neurociencias, el estudio de sistemas neurales relativamente simples facilitó enormemente el camino. La elección, por parte de Eric Kandel y otros científicos, de la *Aplysia*, un caracol marino sin concha, resultó todo un acierto al poner de manifiesto esos cambios en las sinapsis cuando se sometía al animal al aprendizaje de la asociación entre una descarga eléctrica y una señal que indicaba la aparición de dicho estímulo nocivo. Esta clase de investigaciones ha aportado la explicación más convincente planteada hasta la actualidad de cómo se codifican los recuerdos; el proceso de potenciación a largo plazo.

En resumen, cada experiencia nueva intensifica los disparos o descargas eléctricas neuronales a través de ciertas sinapsis y debilita otras. El patrón que forma estos cambios representa el recuerdo inicial de la experiencia; un patrón que desaparecerá pronto a no ser que se fortalezca a través de un mecanismo celular que intensifica las conexiones mutuas entre las sinapsis cada vez que se disparan juntas, aumentando con ello la tendencia a volver a hacerlo. Mediante este proceso, conocido como *potenciación a largo plazo*, cada vez que dos neuronas se disparan juntas se fortalece su enlace y con el tiempo quedan permanentemente unidas formándose una determinada memoria. Así pues, un recuerdo puede definirse como un canon o grupo de neuronas que se excitan juntas según la misma pauta cada vez que se activan. De hecho, actividades cerebrales como el pensamiento o las percepciones parece que siguen este patrón básico de funcionamiento, si bien la codificación de una memoria en el cerebro se produce cuando el canon se repite con frecuencia y llega un momento en el que (a través de los mecanismos de potenciación a largo plazo) ante la mínima actividad de una de las neuronas del grupo, se disparan todas.

Una vez estudiada la memoria en la *Aplysia*, ¿dónde buscar esos cambios sinápticos en los mamíferos? Tratar de localizarlos en las vías neurales específicas y luego identificar cuáles son esos cambios. Qué gran reto de investigación. Hoy sabemos que la experiencia puede alterar el cerebro, o bien modificando los circuitos que ya existen, o bien creando nuevos circuitos. Por otro lado, en la búsqueda de estos cambios sinápticos, se reconoce como lugar diana a las dendritas o ramas de las neuronas, cuya función es lograr que el espacio para las sinapsis sea mayor. Más dendritas equivalen a más conexiones. Dendritas capaces de cambiar su morfología en función de la experiencia. De la formación de sinapsis adicionales entre neuronas que ya estaban conectadas, al desarrollo de sinapsis entre neuronas que previamente no lo estaban; distintas estrategias de las que se sirve el encéfalo, aunque todo parece indicar que la organización sináptica del cerebro se modifica de modo sorprendentemente similar ante formas de experiencia distintas.

Hemos avanzado en el entendimiento de la memoria. Sabemos que existen distintos circuitos neuronales y cómo el proceso de potenciación a largo plazo forma cánones de memoria. Conocemos las principales estructuras cerebrales implicadas y sabemos que las sinapsis son el lugar clave para el aprendizaje habiéndose constatado cómo las dendritas se modifican con relación a la experiencia. Pero el interrogante acerca de dónde se almacenan los recuerdos permanece aún en el aire insinuándose como sueño revelador sobre las mentes despiertas de los neurocientíficos.

Una teoría, la expuesta por Damasio en su libro *El error de Descartes*, nos acerca al cielo o a ese lugar de encuentro entre la imaginación del hombre y de la naturaleza. Y es que en la línea actual de entendimiento del cerebro como un ecosistema activo más que como un ordenador preprogramado, el estudio de una función tan extraordinaria como la memoria no podía dejar de sorprendernos. ¿Dónde se almacenan los recuerdos? ¿Dónde? Pues resulta que las investigaciones apuntan a que no existe ningún almacén de los recuerdos propiamente dicho, sino que pedazos de un recuerdo determinado están almacenados en diferentes redes neuronales distribuidos por todo el cerebro, y que las piezas se juntan al recuperarlo. Así que los recuerdos no están catalogados en un depósito central, sino que hay que reconstruirlos cada vez que los evocamos. Un modo imaginativo y eficaz de trabajar: en vez de almacenar infinitas películas diarias, nuestro cerebro reconstruye los recuerdos a partir de un número manejable de elementos de experiencias reutilizables: el recuerdo de una disputa, la sensación de calor, una alegría; piezas de rompecabezas reutilizables en muchos rompecabezas distintos. Pero ¿dónde se juntan finalmente las piezas? Damasio propone que los elementos se unen en zonas de convergencia cercanas a las neuronas sensoriales que registraron el hecho por primera vez. Aunque aún quedan muchos aspectos por aclarar, si los recuerdos están constituidos por piezas que se trocean y luego se reconstruyen, ¿qué estructuras cerebrales son las encargadas de cumplir dichas funciones? Todo apunta a pensar que un área incluida en el lóbulo temporal, el hipocampo, estructura esencial dentro de la compleja maquinaria de la memoria, podría actuar como centro regulador que filtra lo importante y reparte las piezas a otras partes del cerebro. Queda por determinar por dónde se dispersan las piezas y cómo se reconectan. Experimentos recientes sugieren que el sueño REM (fase del sueño asociada con los sueños) podría ser crucial en la organización de las piezas y las asociaciones entre ellas para formar recuerdos duraderos. Y por otra parte, que la reconstrucción de las piezas con la construcción de una historia ordenada corre a cargo de la corteza frontal, conectada con la amígdala o estructura que proporciona el componente emocional del recuerdo e interviene directamente en él cuando lo reconstruimos.

Piezas que se trocean y se vuelven a juntar. Recuerdos a corto y a largo plazo. ¿Cómo un recuerdo inicial consolidado a corto plazo pasa a convertirse en un recuerdo a largo plazo? También se avanza en el conocimiento de esta cuestión crucial. Por un lado, para que ello ocurra es necesario que la corteza frontal remita la información o el recuerdo al hipocampo. Parece ser que existe una ventana espacial en el tiempo durante el cual la transición a recuerdo a largo plazo es posible. ¿Cuánto tiempo? El tiempo que las neuronas necesitan para sintetizar las proteínas que el proceso de potenciación a largo plazo requiere. Repetir una y otra vez un listado de palabras hasta que las memorizamos. Proteínas que ya están en las sinapsis o proteínas nuevas en el caso de los recuerdos a largo plazo. Las investigaciones no cesan de asombrarnos. El hipocampo proyectando la experiencia a la corteza, y en cada representación ésta queda más profundamente grabada. Y se cree que gran parte de la reproyección hipocámpica ocurre durante el sueño REM. Con el tiempo, las memorias quedan tan firmemente establecidas en la corteza que ya no se necesita el hipocampo para recuperarlas; finalmente queda aprendida la lección o el recuerdo memorizado para siempre, a no ser que irrumpa un proceso patológico en nuestro resistente pero no invencible cerebro.

El estudio de los pacientes con demencias no ha cesado de aportar luz al campo de la memoria y su funcionamiento desde que en 1906 el médico alemán Alois Alzheimer describió la enfermedad que lleva su nombre. Lo hizo al objetivar una serie de lesiones histológicas en el cerebro de una mujer de 51 años fallecida con un cuadro de demencia. A la atrofia cerebral global, por lo general más acusada en los lóbulos temporales y en concreto en los hipocampos, se añade una serie de lesiones microscópicas características, como las placas seniles y los ovillos neurofibrilares. Hoy sabemos que las placas están constituidas por depósitos extracelulares de una proteína anómala o beta amiloide, formados por errores bioquímicos en la descomposición de una proteína esencial: la proteína precursora de amiloide (PPA), y que los ovillos neurofibrilares son acumulaciones patológicas de la proteína Tau. En los estudios de investigación relacionados con la búsqueda de los factores bioquímicos implicados en la memoria, una clase de proteínas llamadas *moléculas de adhesión celular* parece decisiva en el crucial paso de la memoria de corto plazo a la de largo plazo. Y la proteína precursora de amiloide resulta ser una de esas moléculas de adhesión celular. Múltiples investigaciones en marcha, como los factores neurotróficos o sustancias que estimulan las neuronas con el fin de que desarrollen dendritas y sinapsis, abren vías de esperanza para el tratamiento futuro de la enfermedad de Alzheimer y otras demencias degenerativas. Entretanto, en la actualidad los fármacos utilizados con significativa mejoría son los inhibidores de la acetilcolinesterasa, fármacos que aumentan los niveles de acetilcolina, neurotransmisor cuya deficiencia participa en la pérdida de memoria.

Lentamente, paciente a paciente, ensayo tras ensayo, se avanza sobre los mecanismos implicados en la memoria y sus diferentes tipos, sobre los procesos subyacentes al envejecimiento cerebral normal o patológico. Estos avances, básicos a la hora de establecer pautas de tratamiento eficaces ante las enfermedades o lesiones cerebrales, nos inducen asimismo a reflexionar sobre quiénes somos y acerca de la autenticidad de nuestros recuerdos. Porque, visto lo visto, ¿queda alguien capaz de meter la mano en el fuego en defensa de unos recuerdos en primer lugar troceados, luego distribuidos a lo largo del amplio mapa neuronal y al fin evocados a modo de reconstrucción por nuestro anímicamente cambiante e ingenioso cerebro?

Falsos recuerdos

M.R. fue trasladada al servicio de urgencias por una ambulancia de la población costera donde residía. En cuanto la vi me fijé en su estado descuidado y de aparente malnutrición. Consciente y con un lenguaje correcto, comenzó a explicarme su historia sin darme opción a intervenir. Era maestra de pueblo... estaba un poco harta de sus alumnos pero, en la vida... ya se sabe... y siguió contándome detalles y opiniones mientras, por mi parte, la escuchaba sin interrumpirla y sin dudar de la veracidad de sus comentarios. Que tenía cuatro perros, que el día anterior los había llevado al veterinario... todo razonablemente normal, hasta que pude intervenir con preguntas dirigidas. La edad que decía tener distaba mucho de la que aparentaba, pero las pistas decisivas aparecieron cuando comencé a explorar sus funciones mentales superiores. A la pregunta de dónde estaba, respondió que en un hotel de vacaciones. Incapaz de fijar y retener información nueva, resolvió correctamente las preguntas enfocadas a valorar su capacidad de juicio y razonamiento. ¿Cuándo había comenzado el deterioro selectivo objetivado en la exploración? Era preciso hablar con algún familiar o acompañante, pero tan sólo pude hacerlo con el personal de la ambulancia que pocos datos aportaron al caso: los bomberos habían entrado en su domicilio a raíz de una explosión de gas, y, ante las rarezas de la mujer, la policía había decidido avisarles para que la trasladaran a un centro hospitalario. Así pues, me las tenía que apañar con los datos obtenidos de la propia paciente. Tras realizarle un scanner craneal urgente que resultó normal y una analítica que mostró únicamente una elevación moderada de las transaminasas, opté por actuar sin demora: ordené la administración de una inyección endovenosa de tiamina o vitamina B_1, y acerté de pleno.

En 1880, el médico ruso Sergei Korsakoff describió el síndrome que lleva su nombre, atribuido al daño cerebral provocado por el déficit de una vitamina: la tiamina o vitamina B_1; un déficit, en la gran mayoría de casos, secundario a la ingesta crónica de alcohol que inhibe la capacidad del organismo para absorber dicha vitamina, lo cual provoca daño o muerte neuronal de determinadas estructuras cerebrales localizadas en áreas diencefálicas y temporales mediales, así como, por lo general, atrofia de los lóbulos frontales. Ello conlleva un cuadro clínico característico, de inicio más o menos súbito, que consiste en una severa pérdida de memoria tanto de lo aprendido en el pasado (amnesia retrógrada) como de lo sucedido desde el comienzo de la alteración de memoria (amnesia anterógrada). Un tercer e intrigante síntoma acompaña frecuentemente el síndrome: la tendencia a fabular o contar historias falsas, historias relativamente normales o verosímiles como las de mi paciente, quien, aunque quizá le hubiera gustado ser maestra y tener perros, no era ésa su realidad: a sus 65 años no trabajaba y vivía sola y con penurias de la pensión de su marido fallecido hacía años. Sus vecinos, aunque apenas la habían visto en los últimos meses, conocían su afición por el alcohol, si bien nunca habían presenciado extremos de conducta alarmantes.

Maestra con cuatro perros que acababa de llevarlos al veterinario. Fabulaciones o falsos recuerdos creados por su cerebro dañado. Poco consciente de su problema de memoria, la paciente inventa acontecimientos del pasado sin voluntad de mentir y confundiendo los recuerdos reales con los falsos. Falsificación creativa de la memoria atribuida a lesiones de los lóbulos frontales cuyas neuronas son las encargadas de organizar los pedazos de los recuerdos para que la historia salga ordenada, lógica y con sentido. Fabulaciones creíbles como si las neuronas, antes de admitir que no recuerdan el pasado, lo inventasen. ¿Historias creadas por el cerebro dañado para llenar huecos de información perdida? Recuerdos falsos o verdaderos. Memoria, en todo caso, mucho más subjetiva de lo que creíamos antes de adentrarnos en los imaginativos entramados de su funcionamiento.

Los recuerdos de Platón

¿Hacia dónde caminan los avances científicos sobre la memoria? ¿Hacia los recuerdos de Platón? ¿En la dirección contraria? Pieza a pieza, se va completando ese gran rompecabezas que representa la memoria dentro de nuestro cerebro, y sin embargo, uno comienza a intuir que una vez concluido el cuadro, aunque no cabe duda de que sus luces iluminarán la historia del pensamiento, los grandes enigmas de la existencia perdurarán flotando sobre nuestras mentes deseosas de continuar soñando. Fundamentalmente, conocer la maquinaria de nuestro cerebro con relación a la memoria nos va a servir para utilizarla con más eficacia y estimularla al máximo en cada etapa de nuestras vidas, del desarrollo al envejecimiento, además de contribuir al diseño de herramientas idóneas de cara a su rehabilitación tras lesiones o enfermedades neurológicas. Herramientas que, hoy por hoy, cuentan con la motivación como principal plataforma de afianzamiento a ese esencial peldaño para retener la información llamado *atención*.

Recuerdo mi época escolar: una educación basada en clases aburridas y libros de texto ajenos a mis intereses del momento. A pesar de ello, mi cerebro fue aprendiendo a razonar, a enfrentarse y resolver problemas cuyas respuestas no conocía de antemano. Una escasa motivación y un flojo programa escolar propio de una sociedad mediocre no fueron suficientes para dilapidar el potencial de mis neuronas. Y mientras releo a Platón, de repente, comprendo lo incomprensible: que tal vez nuestro cerebro encierre mucho más conocimiento del que somos capaces de imaginar. ¿Y si el saber estuviera predeterminado entre nuestras neuronas del mismo modo que ocurre con el lenguaje? Recuerdos como almas inmortales navegando por nuestras vías neuronales rescatables a través de la reflexión o estímulos ambientales apropiados. ¿Por qué no?

14. EN LA CONSULTA
DEL NEURÓLOGO

«Rezo todos los días por usted.» Tardé en comprender por qué rezaba todos los días por mí una paciente que apenas conocía. Recordaba su cara de pajarillo asustado, ojos saltones, pelo erizado, y una historia de cefalea diaria entre gatos y gatitos además de un hijo que controlaba su capital, un tacaño de campeonato, así lo pintó la madre en cuestión. «Un milagro lo que usted ha conseguido conmigo, es un auténtico milagro.» Había respondido al tratamiento, ése era el milagro. Llevaba años con dolores de cabeza, día sí y día también. «Un calvario, tomo y tomo calmantes, en cuanto me empieza el dolor los tomo y nada, parece que calma un poco, pero sólo lo parece, luego es peor, así día tras día, como si me martillaran la cabeza; voy a urgencias, me ponen una inyección y para casa, aunque vomite y vomite, para casa que son sólo migrañas, me dicen.»

La cefalea crónica diaria es un calvario padecido por muchas personas. Casi todas las mañanas aparece la dichosa cefalea y, en cuanto aparece, un analgésico y a aguantarse, que ni en casa ni en el trabajo comprenden que un simple dolor de cabeza pueda ser tan invalidante. Mes tras mes, el recurso de los analgésicos habituales para ir tirando, cada persona con su calmante preferido, un hábito tan extendido como contraproducente, pues al consumir analgésicos con frecuencia se está provocando una dependencia responsable de la propia cronicidad de la cefalea. Un grave error, ya que con voluntad y un tratamiento adecuado en pocas semanas se produce un sencillo pero maravilloso milagro: levantarse sin dolor de cabeza, vivir sin esa maldita losa que condiciona tanto el carácter y la actividad de quien la padece. De la automedicación ocasional al abuso que conlleva la cefalea crónica diaria: una de las consultas médicas más frecuentes y agradecidas, de seguirse las indicaciones precisas. Indaguemos detrás de una cefalea crónica diaria y muy a menudo encontraremos una historia de migrañas recurrentes que con el tiempo se han ido haciendo más y más frecuentes. La migraña: a pesar de su aparente simplicidad, una compleja patología sobre la que aún quedan muchos interrogantes por develar, aunque en las últimas décadas el avance sobre los mecanismos implicados en su aparición ha sido considerable. El sistema trigémino-vascular descrito por Moskowitz y su activación como base fisiopatológica que trata de explicar las crisis de migraña abrió un apasionante campo de investigación. Ello ha derivado en el descubrimiento de fármacos vasoactivos con una actividad agonista o potenciadora y muy selectiva de los receptores de la serotonina implicados en la activación del sistema trigémino-vascular: los triptanes o fármacos para el ataque agudo de migraña. Muy eficaces, de acción rápida. Un alivio para muchos migrañosos pero no la solución definitiva, pues no evitan la recurrencia de los ataques y tampoco es conveniente su utilización continuada. En consecuencia, en estos casos se debe plantear la instauración de tratamientos preventivos. Ante una paciente tan habituada a un sinfín de analgésicos como la que me encontraba visitando, el secreto había sido escucharla, comprender su dependencia e informarle del problema que había de combatir, además de establecer una pauta de deshabituación junto con una adecuada medicación preventiva. Resultado: un sencillo pero maravilloso milagro. El milagro de vivir sin dolor de cabeza.

Al buen comienzo matutino le siguió un caso desesperante. P.E., de 65 años, un paciente especialmente querido después de tantos años, entró en la consulta prácticamente ciego. La historia había comenzado con un infarto occipital: un accidente isquémico secundario a la obstrucción por trombosis de la arteria cerebral posterior con la consiguiente pérdida de visión en el campo visual del lado contralateral a la lesión. Una vez que ocurre un primer accidente cerebrovascular, las indicaciones médicas persiguen evitar su repetición, para lo que se instaura una medicación antiagregante plaquetaria y se establece un estricto control de los factores considerados de riesgo vascular: tabaco, alcohol, colesterol o hiperlipemia, hipertensión arterial y diabetes, sin olvidar las cardiopatías embolígenas como la fibrilación auricular, que requieren tratamiento anticoagulante. En este caso, el paciente era hipertenso y un fumador empedernido; por lo demás, apenas probaba el alcohol y sus niveles de colesterol y glucosa se mantenían dentro de la normalidad. Desde la primera visita le indiqué que debía olvidarse del tabaco. Le di una explicación detallada sobre cómo el tabaquismo de larga duración daña las paredes arteriales; una lección teórica que resultó estéril. Visita tras visita, cada vez que le preguntaba por dicho hábito tóxico, el paciente insinuaba una tenue sonrisa de complacencia ante su debilidad. Y en cada revisión le volvía a insistir sobre la necesidad de que dejara de fumar. Visita tras visita, hasta que en cierta manera terminé por claudicar. La ateromatosis o daño vascular objetivado por técnicas de sonido en las paredes arteriales de los cuatro vasos que irrigan el cerebro (las dos carótidas y las dos vertebrales) no llegaba a provocar estenosis o disminución del calibre, y los sucesivos controles no mostraban empeoramiento significativo. La secuela visual secundaria al infarto occipital únicamente le impedía conducir vehículos por precaución, pero por lo demás su vida transcurría sin nuevos sustos de salud. Sin nuevos sustos. Hasta que un día, viendo la televisión, notó una brusca pérdida de visión monocular. Confirmé la sospecha diagnóstica: otro problema vascular. En esta ocasión, una isquemia del nervio óptico. Aturdido y culpabilizado por no haber sido capaz de dejar el tabaco, traté de animarlo explicándole que su actual pérdida de visión se debía a una lesión de los pequeños vasos que irrigan el nervio óptico y que era de esperar que poco a poco fuera mejorando. En estos casos, la hipertensión arterial y la diabetes son los principales factores de riesgo, aunque ante su evidente predisposición a padecer patología vascular, continuar fumando es un auténtico disparate, le insistí. Deje de una vez por todas el tabaco y confiemos en que mejore progresivamente la visión.

Tan sólo dos meses después, el paciente acudía a la consulta prácticamente ciego. Había vuelto a presentar una neuropatía óptica, esta vez en el nervio óptico del otro ojo. Nunca sabremos si en el caso de haber dejado de fumar no se hubieran producido las lesiones determinantes de su ceguera, pero siendo el tabaco un factor de riesgo vascular, una vez que se produce un accidente isquémico cerebral, continuar fumando, más que un disparate, es realmente temerario. Y aunque cada médico debe saber cómo actuar frente a sus pacientes, por mi parte aprendí una lección: advertir con energía y sin equívoca indulgencia contra el tabaco.

El siguiente paciente entró con el humo del tabaco irritando todavía mis neuronas. Se trataba de un estudiante de Derecho, hasta entonces sano y sin ningún antecedente patológico reseñable. Apasionado por los coches, había crecido mimado y dispuesto a divertirse bebiendo los fines de semana hasta altas horas de la noche; así disfrutaba y así pretendía seguir disfrutando pese a las advertencias de los médicos a los que había consultado antes de acudir a mi consulta. En los últimos tres meses había presentado tres episodios de brusca pérdida de conocimiento con convulsiones, y en cada uno de ellos había solicitado una nueva opinión. Todas las recomendaciones médicas habían coincidido: iniciar de modo inmediato un tratamiento anticomicial, abstenerse de beber alcohol como factor potenciador de las convulsiones, evitar trasnochar en exceso y, obviamente, durante un tiempo prudencial, no conducir vehículos. Una montaña para un joven aficionado a los coches, al alcohol y a la vida nocturna. Se aferraba a su electroencefalograma normal para continuar con su ritmo de vida: «Estoy de acuerdo con ustedes en que necesito tomar una medicación, pero no pretenderán que me convierta en un monje». Nosotros los médicos no pretendemos ni dejamos de pretender nada, es usted el que tendrá un grave accidente si le ocurre una crisis mientras conduce, sobre usted recaerá toda la responsabilidad si en el accidente se ven afectadas otras personas. Acostarse a una hora prudencial, divertirse sin alcohol y tomar una medicación que tolere bien no tiene que convertirse en un drama para nadie.

Excesiva brusquedad o sinceridad sin contemplaciones, el caso es que el paciente reaccionó positivamente. Suavizó la expresión y el tono de sus preguntas; al fin parecía asumir su problema. Por mi parte pasé a mostrarme más amable y le expliqué que el electroencefalograma registra la actividad eléctrica cerebral sólo durante el tiempo en que se está realizado la prueba y los focos irritativos responsables de las crisis epilépticas pueden no aparecer en ese momento. Le pauté una medicación que aconsejé iniciara ese mismo día y terminé la visita sin especificarle con detalle el tiempo de duración del tratamiento: de tres a cinco años, por lo general.

Ciertamente, al margen de reacciones inmaduras, la aparición de una primera crisis epiléptica es un hecho difícil de digerir. Y es que la palabra *epilepsia* no termina de despojarse de los prejuicios erróneos del pasado. Del griego *apoderarse* o *ser poseído por el demonio*, la prudencia se impone a la hora de nombrarla. ¿Yo epiléptico? Pavor y extrañeza cuando, en realidad, si nos adentramos en el estudio de la actividad eléctrica generada por el cerebro, nos daremos cuenta de que lo sobrenatural es que no seamos todos epilépticos. Y de hecho, una de cada veinte personas experimentará al menos una crisis comicial a lo largo de su vida. Del insólito e imprevisto episodio, sólo recuerdas que te despertaste dolorido, como de un mal sueño, algo confuso al principio; en unos minutos te recuperas, no olvidas la cara de susto de los presentes, al ver sangre te alarmas, te duele la lengua, una mordedura como única huella de una típica crisis epiléptica tónico-clónica generalizada. Crisis epilépticas de origen desconocido llamadas *primarias* y crisis epilépticas *secundarias* a lesiones intracraneales o alteraciones metabólicas que deben descartarse mediante la correspondiente analítica y la práctica de una RNM craneal que excluirá o confirmará la posible existencia de quistes, tumores, secuelas de un traumatismo craneal y otras lesiones intracraneales, en especial localizadas en el lóbulo temporal. Si las pruebas son normales, incluido el electroencefalograma, ante una primera crisis epiléptica presentada después de los treinta años se podrá mantener una conducta de seguimiento sin necesidad de iniciar tratamiento. Pero si las crisis se repiten, se instaurará una medicación adecuada a cada caso concreto. Una medicación que dependerá fundamentalmente del tipo de crisis: generalizadas o parciales. Crisis generalizadas con aparatosos episodios de pérdida brusca de conocimiento acompañados de convulsiones o crisis de ausencias donde también se pierde el conocimiento pero de modo mucho más sutil e inapreciable; apenas unos segundos donde la conciencia parece quedar suspendida en el aire. El paciente, por lo general niño, no suele percatarse de estos breves, brevísimos episodios de ausencias. De modo repentino se queda con la mirada fija, inmóvil, después de unos segundos se restablece el contacto con el ambiente y retorna la actividad previa a la crisis. Períodos en blanco, en algunos casos, cientos durante el día, que pueden confundirse con problemas de atención y ser motivo de un bajo rendimiento escolar. Períodos en blanco que el electroencefalograma confirma como ausencias de origen epiléptico al registrar las típicas ondas generalizadas de tres ciclos por segundo.

Otro tipo de crisis, las focales o parciales, presentan una gran variedad de manifestaciones clínicas dependiendo del lugar donde se localice el foco irritativo. De la sacudida motora o el hormigueo paroxístico de una extremidad, a las crisis parciales complejas con múltiples y sorprendentes alteraciones momentáneas de la percepción: visual, auditiva, olfatoria... De repente se aparece la virgen, un lugar desconocido nos resulta familiar o el lugar familiar se percibe como extraño, unos segundos de confusión que nos transportan a sensaciones placenteras o desagradables, miedo, alegría, unos segundos donde nuestro cerebro parece volverse autónomo de nosotros mismos. La epilepsia. Todo un libro mágico para reflexionar. La actividad eléctrica cerebral y sus diferentes ritmos de vigilia y sueño registrados en la superficie pero generados en las profundidades del cerebro, concretamente en una compleja red de neuronas y fibras situada en el tronco cerebral: el sistema reticular activador; el generador de la luz. Las bases de la conciencia a estudio. De momento, a medida que avanzan los conocimientos sobre la génesis de los focos irritativos, aumentan las posibilidades terapéuticas con nuevos fármacos que permiten ser optimistas a la hora de informar al paciente sobre su futuro. Y para las crisis incontrolables, las técnicas quirúrgicas están aportando buenos resultados. Optimismo y vida sana, sin olvidar tomar la medicación diariamente, por favor.

Me alegré de volverlo a ver. Cuánto tiempo sin aparecer por la consulta. Recordaba su acento francés y un cierto aire encantador como si se acabara de levantar, la misma mirada, la misma actitud, tranquilo y amable, como si fuera ayer y habían pasado quince años desde que le diagnostiqué un primer brote de Esclerosis Múltiple. Su evolución durante los cinco años que estuve controlándolo había sido bastante satisfactoria. De un primer y alarmante brote medular con afectación sensitiva de las cuatro extremidades y múltiples placas de desmielinización objetivadas en la RNM craneal, que presagiaban un curso clínico complicado, había pasado a presentar uno o dos brotes al año, casi siempre con síntomas sensitivos no invalidantes y siempre recuperados en semanas bajo el tratamiento con corticoides. Una enfermedad que, en absoluto, le había alterado la vida. Gerente de una empresa francesa, los últimos diez años los había pasado entre París y Nueva York. Por ese motivo no había acudido a mi consulta, en realidad apenas había necesitado revisiones médicas; llevaba años sin brotes, tan sólo en ocasiones notaba un dolor en el brazo que cedía espontáneamente. Acababa de instalarse de nuevo en Barcelona y confiaba en quedarse una larga temporada, años soñando con regresar a Sitges y al fin lo había conseguido. Una visita de rutina, para saludarme. También el paciente se acordaba de mí, como si fuera ayer.

La Esclerosis Múltiple y su típica forma de evolución a brotes con síntomas de focalidad neurológica muy variables, aunque más o menos característicos dependiendo de la localización de las lesiones o placas de desmielinización dentro del sistema nervioso central, ya sea en el cerebro o en la médula espinal. Ahora pierdo la visión de un ojo. Ahora noto hormigueos en distintas partes del cuerpo. Síntomas que aparecen sin previo aviso y que por lo general tardan unas semanas en desaparecer, con o sin ayuda del tratamiento con corticoides. ¿Y luego qué? ¿Cuándo volverá a ocurrir un nuevo brote? En unos meses, posiblemente, aunque a veces pasarán años, tantos a veces que, como en el caso de mi paciente francés, todo sugiere que la enfermedad ya mostró sus dientes y el organismo salió vencedor del combate. En cambio, en otras ocasiones la evolución es rápida e invalidante. ¿Qué es lo que realmente sabemos sobre esta enfermedad con un curso clínico tan impredecible? Aunque continuamos sin conocer su etiología, sabemos que se trata de una enfermedad crónica de la sustancia blanca del sistema nervioso central, con afectación específica de la mielina o vainas que envuelven a los axones de las neuronas, acompañada típicamente de una infiltración de células inflamatorias objetivada en los estudios anatomopatológicos. Sabemos que esta pérdida de mielina se da en parches con unas imágenes en la RNM características por su forma y localización a modo de múltiples y pequeños focos diseminados o focos de mayor tamaño distribuidos por la sustancia blanca del cerebro y/o la médula. Los hallazgos del líquido cefalorraquídeo apoyan el diagnóstico, así como la participación del sistema inmunológico en su etiología al encontrarse bandas oligoclonales o proteínas que los linfocitos producen dentro del sistema nervioso central. Desde el punto de vista clínico sabemos que es una enfermedad que ataca preferentemente a adultos jóvenes, con mayor frecuencia mujeres, y los estudios epidemiológicos destacan la importancia de los factores ambientales en su génesis. Se postula la existencia de algún factor ambiental durante la infancia que después de años de latencia desencadena la enfermedad. ¿Qué factor inicial? Las evidencias apuntan hacia un factor infeccioso posiblemente viral, aunque no se han podido confirmar. Un factor inicial y algún factor secundario que entraría en juego ya en la vida adulta activando la enfermedad. ¿Qué factor tardío? Las evidencias apuntan hacia una reacción autoinmunitaria capaz de atacar ciertos componentes de la mielina y provocar su destrucción. Y todo ello en determinados individuos. Individuos susceptibles. ¿Qué individuos? La participación genética viene apoyada, entre otros hallazgos, por cierta predisposición familiar a la enfermedad. Factores genéticos y ambientales. La misma línea de salida para tantas enfermedades; distintas vías de investigación abiertas para cada una de ellas, las que en el caso de la Esclerosis Múltiple ya han comenzado a traducirse en mejoras para los pacientes a través de nuevos fármacos que tratan de evitar la aparición de los brotes: fármacos antivirales como el beta-interferón con funciones moduladoras del sistema inmunitario que no evitan por completo los brotes, si bien reducen significativamente su número. Las investigaciones continúan, y, mientras tanto, los neurólogos clínicos sabemos por propia experiencia que muchos de nuestros pacientes con Esclerosis Múltiple podrán seguir su vida sin excesivos problemas. Para otros, la lucha será mucho más dura y desesperante. Para todos, la ciencia no descansa en busca de soluciones que al menos permitan asegurar un curso evolutivo como el de mi paciente francés.

Nada más verlo entrar por la puerta aprecié el empeoramiento de su cuadro parkinsoniano. Durante años, el paciente se había mantenido relativamente estable, hasta que comenzaron las alucinaciones; noches de perros y visiones terroríficas, muertos y monstruos, escenas que no lo dejaban dormir, agitación, delirio. Una tortura. De una vida familiar en calma y adaptada a las limitaciones motoras propias de la enfermedad de Parkinson, que enlentecían y dificultaban, pero no impedían, sus actividades cotidianas, el paciente había pasado a una situación insostenible: nadie dormía en la casa; todos temían la llegada de la noche y con ella la transformación conductual de R.F, padre y abuelo, esposo muy querido, industrial retirado, con un estado de ánimo algo apático y depresivo, aunque sereno desde que se le manifestaron los primeros síntomas de la enfermedad recién cumplidos los 50 años.

Habían pasado quince años de cambios en su vida contando con la inestimable ayuda de su mujer, quien siempre lo acompañaba a la visita de control. Dormían juntos desde su boda y no se había planteado la posibilidad de trasladarse a otra habitación, aunque en las últimas semanas su marido parecía haber enloquecido. A medianoche se levantaba sobresaltado. Cada noche la misma escena. «La habitación se convierte en un infierno, siente un miedo atroz y no se explica el porqué, lo siente muy adentro, incontrolable, grita, se esconde, grita y se acurruca apoyado contra la pared, esconde la cabeza entre las piernas.» Así noche tras noche, a pesar de los cambios en la medicación indicados por mi parte ante las llamadas telefónicas de la mujer.

Una primera disminución de la dosis de los fármacos antiparkinsonianos como posible causa de las alucinaciones no consiguió el objetivo de frenarlas. Tampoco la segunda reducción. Tomé entonces la decisión de instaurar la medicación indicada para controlar los cuadros de delirio y agitación, consciente del probable empeoramiento del cuadro motor parkinsoniano. Con tan sólo verle entrar a mi consultorio aprecié la aparición de dichos efectos secundarios: apenas caminaba sin ayuda, sus pasos eran muy cortos y se acompañaban de un temblor generalizado. Pero por fin dormía, las alucinaciones habían cedido y ahora el problema era un exceso de somnolencia diurna y el empeoramiento acusado de su enfermedad de base. El objetivo es que vuelva a encontrarse como antes de las alucinaciones, les digo para animarles, convencida de poder lograrlo. Paso a paso lo conseguiremos.

El camino del paciente parkinsoniano es un camino lleno de obstáculos, que a veces parecen imposibles de superar. Los recursos terapéuticos destinados al control de la enfermedad son diversos. Una utilización prudente y convenientemente dosificada permite combatir el curso clínico progresivo de la enfermedad con la esperanza de mantener una calidad de vida aceptable. El paciente no debe crearse falsas expectativas, pero tampoco abandonar la lucha antes de tiempo. Los especialistas no cejan en la búsqueda de nuevas alternativas para el control de esta enfermedad que condiciona la vida, pero que no la fulmina. Paso a paso lo conseguiremos.

El siguiente paciente se había quedado en su casa. En su lugar acudía su hija. «Está intratable, el otro día me mandó parar el coche poniendo como excusa que quería sacar unos papeles del maletero, le obedecí, y, en cuanto me descuidé, cogió el coche y me dejó tirada en la carretera. Tardamos tres días en tener noticias suyas. Como continúe así ocurrirá una tragedia. Se niega a cualquier medida que le limite su santa voluntad, y pobre del que le lleve la contraria; su carácter siempre ha sido dominante, pero ahora está imposible.»

Se trataba de un caso clínico complicado con una historia discordante entre los datos aportados por la familia y los obtenidos del propio paciente, un problema relativamente habitual en la consulta al neurólogo. Historias de infidelidades, persecuciones y robos. ¿A quién dar la razón? En este caso, durante la primera visita el paciente se había mostrado colaborador, con buena capacidad de expresión y razonamiento, sin que objetivara en la exploración datos de deterioro de sus funciones superiores. Amable y muy seguro de sí mismo, estaba convencido de encontrarse en perfectas condiciones físicas y mentales y se mostraba algo molesto con su familia por lo que consideraba una preocupación sin fundamento. Una conducta aparentemente normal, si bien por detalles aportados por la familia, detalles sugestivos de ciertas excentricidades en sus relaciones sociales y una dudosa desinhibición patológica no objetivada durante la visita, solicité completar el estudio neurológico con pruebas de imagen y una analítica específica de causas metabólicas que pueden asociarse a problemas conductuales. Una vez comprobado que la resonancia craneal únicamente mostraba un moderado grado de atrofia difusa de predominio cortical y que la analítica era normal, aconsejé una valoración psiquiátrica.

La historia de la carretera ponía en evidencia que la medicación iniciada tras dicha consulta no había conseguido el objetivo de normalizar el comportamiento del paciente. Quedé con la hija en que me pondría en contacto con el psiquiatra con el fin de comentar juntos el caso. Aunque no se objetivaban datos concluyentes de deterioro cognitivo, desde el punto de vista neurológico no podía descartarse que con el tiempo se confirmara una enfermedad degenerativa cerebral iniciada con problemas conductuales y que el deterioro de sus funciones superiores fuera apareciendo posteriormente. ¿Una demencia degenerativa fronto-temporal? ¿Una enfermedad de Pick? La evolución confirmaría o descartaría estos posibles diagnósticos. Por el momento, la clínica y la exploración no mostraban datos de deterioro cognitivo amplio de al menos tres funciones cognitivas para poder establecer el diagnóstico sindrómico de demencia, ni en las pruebas de imagen se objetivaba una atrofia selectiva o más acusada de los lóbulos frontales o temporales, lo que hubiera apuntado hacia dichos diagnósticos.

Las enfermedades degenerativas del sistema nervioso son uno de los grandes retos del siglo XXI. Procesos patológicos, progresivos e irreversibles, que se basan en el agotamiento y pérdida neuronal de sistemas más o menos selectivos. Una pérdida de carácter insidioso. ¿Cuál es su origen? ¿Qué papel desempeña el componente genético? ¿Existen factores desencadenantes o la aparición de los síntomas es propia del proceso patológico en sí mismo una vez que la pérdida neuronal alcanza el excedente de seguridad de cada sistema?

A fin de avanzar en el conocimiento de estas enfermedades cada vez más frecuentes a medida que la población envejece, atrás debe quedar la tendencia de etiquetar a todo paciente con una demencia degenerativa como probable enfermedad de Alzheimer. Se impone la necesidad de matizar; distintos patrones clínicos de deterioro cognitivo secundarios a distintas enfermedades degenerativas de carácter difuso o más focal. Enfermedad de Alzheimer, enfermedad de Pick, demencia fronto-temporal... Enfermedades degenerativas que cursan con demencia sin o con otros signos neurológicos asociados, como los trastornos motores extrapiramidales objetivados en la enfermedad de cuerpos de Lewy. Clínicos y patólogos en constante intercomunicación de cara a unir las manifestaciones clínicas con las lesiones histológicas características de una u otra enfermedad. Ése es el camino.

F.J. entró en la consulta insinuando una media sonrisa que

delataba su estado de alivio y satisfacción por haber superado con éxito la reciente intervención quirúrgica. Relajado, tomó asiento y me señaló la cicatriz: «Un buen tajo, pero ni se nota, sigue la línea del cuello y ni se nota, tenía usted razón, el cirujano me enseñó el trombo extraído de mi carótida, de buena me he librado».

El caso de F.J., de 61 años, agente de seguros con buen estado físico general, es demostrativo de lo que puede suceder, pero no sucede, gracias a enfrentarse a los problemas de salud antes de que éstos nos paralicen medio cuerpo, nos quiten el habla o nos dejen sin luz. Había acudido a mi consulta hacía apenas dos meses refiriendo haber presentado dos episodios repentinos de dificultad para articular palabras junto con cierta torpeza de movimientos con la mano derecha. Del primer episodio se había recuperado tan rápido que casi no le había dado importancia. Al día siguiente, al repetirse un cuadro similar, también recuperado en pocos minutos, su mujer estaba presente. Fue ella quien insistió en acudir de inmediato al médico. En urgencias le habían realizado un scanner craneal que resultó normal.

La clínica referida era concluyente: había presentado dos episodios transitorios de falta de riego cerebral, dos accidentes isquémicos que no habían llegado a producir lesión en el tejido cerebral dependiente de una rama arterial temporalmente obstruida. ¿Cuál era la causa de la obstrucción transitoria? ¿Un trombo? ¿Un émbolo? La revisión cardiológica descartó una posible fuente embolígena procedente del corazón, pero en cambio, el estudio de la circulación cerebral mostró una severa estenosis o disminución de calibre de la arteria carótida interna izquierda en su trayecto extracraneal al nivel del cuello; un trombo procedente de la placa ateromatosa responsable de la estenosis (proceso propiamente reconocido como embolia de arteria a arteria). Ésa era la causa de la obstrucción, un trombo desprendido de la placa ateromatosa hacia la circula-

ción intracraneal con la correspondiente obstrucción de una de
sus ramas arteriales.

Me costó convencerle de la conveniencia de practicar una
endarectomía o intervención quirúrgica de dicha estenosis carotídea para evitar los riesgos en el momento de una posible
obstrucción completa, así como nuevos desprendimientos de
trombos. El paciente se encontraba asintomático y no com-
prendía la necesidad de someterse a una operación delicada.
Al fin aceptó ir a ver al cirujano vascular que le recomendé. Y
tan sólo dos semanas después, el paciente acudía a mi consulta felizmente operado.

Los accidentes isquémicos cerebrales transitorios pasan fu-
gaces por la vida de muchas personas, pero son un aviso de
enorme importancia. En el caso de mi paciente, el episodio se
repitió y tuvo como testigo a una mujer inteligente y preocupada por la salud de su marido. Por desgracia, los episodios no
siempre se repiten de modo transitorio, sino que la obstrucción
arterial pasa a ser prolongada provocando un daño del tejido
cerebral irreversible: una necrosis o infarto que puede evitarse
si se actúa a tiempo. ¿Cómo saber si el cuadro presentado es
realmente uno de estos temibles avisos? Episodios repentinos
y transitorios con datos de focalidad neurológica sugestivos de
patología isquémica cerebral. ¿Cómo reconocerlos? Un mareo
inespecífico sin importancia o un cuadro de vértigo con visión
doble sugestivo de isquemia vertebrobasilar. Una anomia o dificultad para encontrar la palabra adecuada propia de la edad o
una repentina falta de fluidez verbal por una afasia motora secundaria a una lesión en el territorio carotídeo del hemisferio
cerebral dominante. Un hormigueo banal de extremidades o
una alteración sensitiva de distribución sugestiva de afectación cerebral al nivel talámico o parietal. Focalidad neurológica. Temporalidad característica con el comienzo repentino de
los síntomas. Isquemia o hemorragia. La enfermedad vascular
cerebral y sus distintas formas clínicas reconocibles por la ex-

periencia clínica: los tratamientos destinados a controlar la hipertensión arterial han reducido considerablemente su aparición, si bien continúan ocupando el primer lugar en frecuencia e importancia de todas las enfermedades neurológicas de la vida adulta. ¿Cuál es el tratamiento adecuado en cada caso concreto? Los estudios multicéntricos aportan datos imprescindibles para conocer la evolución natural y el beneficio de las distintas posibilidades terapéuticas. Antiagregación plaquetaria o anticoagulación. Control de factores de riesgo vascular. ¿Cuándo es aconsejable intervenir la estenosis carotídea? ¿Y las nuevas técnicas de angioplastia que extraen la placa ateromatosa sin llegar a la intervención quirúrgica? Cuestiones sobre las que se trabaja en busca de un consenso general en constante revisión. Los avances en el conocimiento sobre la fisiopatología de cuestiones básicas en el desarrollo y evolución de la enfermedad vascular cerebral contribuyen día a día a la aparición de nuevas posibilidades terapéuticas: la formación de la placa de ateroma, el trombo y su composición, la obstrucción del vaso arterial... ¿Cuánto tiempo sobrevive el tejido cerebral a una falta de flujo sanguíneo? Más que ningún otro órgano, el cerebro necesita un riego constante de sangre oxigenada; pasados unos 4 a 5 minutos sin flujo (en condiciones de temperatura corporal normal) se produce la necrosis del tejido. Pero si la isquemia es parcial, en casos de hipoperfusión el tejido puede sobrevivir durante un período de 5 a 6 horas o incluso más. ¿Es posible restablecer la circulación y detener el proceso de isquemia? ¿Realmente es posible deshacer el trombo antes que el daño en el tejido cerebral sea irreversible? La trombolisis o utilización de fármacos que hidrolizan la fibrina del trombo disolviéndolo, siempre planteado en las primeras horas de ocurrir la obstrucción vascular, ha abierto nuevas expectativas; no obstante, siguen en estudio los riesgos y beneficios de dicha medida terapéutica que, bajo condiciones restringidas, ha comenzado a demostrar su eficacia. Consultar a tiempo: la clave en el desenlace de la patología vascular cerebral.

El último paciente era un joven economista que me traía el resultado de una resonancia craneal. Hacía unos días había acudido a mi consulta por presentar una cefalea sin otros síntomas acompañantes. Un cuadro clínico que me detalló con precisión: «Es extraño, pues nunca antes había tenido ni siquiera una simple molestia de cabeza, y ahora el dolor me despierta por las noches, me levanto con una opresión en esta zona, aquí, en la frente, hacia las sienes. Al principio no le di importancia, llevo una temporada desbordado de trabajo, suponía que era eso, el estrés, pero el dolor no desaparece, desde hace dos meses, no desaparece».

Tras comprobar que su tensión arterial se mantenía dentro de la normalidad y explorarlo en busca de algún signo de focalidad neurológica que no encontré, cogí el oftalmoscopio convencida de que, efectivamente, se trataba de una cefalea tensional. Enfoqué la luz en dirección a la papila o cabeza del nervio óptico, una zona ovalada cuyos bordes, en condiciones normales, se delimitan con nitidez. No era éste el caso. En contra de lo que presuponía, la borrosidad de los bordes de la papila de ambos ojos era evidente. Un signo muy alarmante, aunque procuré no transmitirle una excesiva inquietud hasta haber confirmado mis sospechas. Cefalea sin datos de focalidad con edema de papila bilateral, descartar proceso ocupante de espacio, anoté en la petición de la resonancia craneal que solicité con carácter urgente.

Ahora me encontraba frente al paciente con el resultado de la prueba en mis manos. Coloqué las placas en el megatoscopio. No existían dudas diagnósticas: el paciente presentaba un tumor cerebral localizado en el lóbulo frontal derecho. Y, según las características de la resonancia, probablemente se trataba de un glioblastoma multiforme, un tumor maligno nacido de la glía o células de soporte del tejido neuronal. ¡Qué momento más delicado! No podía ocultar al paciente la gravedad de su problema, pero al mismo tiempo debía ser capaz de explicárselo con la suficiente delicadeza. Comencé la exposición de la situación sin rodeos: se confirma la existencia de un tumor en el lóbulo frontal derecho, una de las áreas del cerebro más silentes en el sentido de que su lesión puede cursar sin síntomas aparentes. La cefalea muy probablemente se deba al aumento de la presión intracraneal provocada por la existencia del tumor. Con una medicación adecuada puede desaparecer el edema o inflamación perilesional, pero el tumor hay que extraerlo. Los gliomas son tumores que crecen de modo inevitable, la única solución es tratar de extirparlos. Hasta que se intervenga y se analice, no sabremos con seguridad su grado de malignidad. Se trata de una intervención delicada, pero dada la localización del tumor, si se interviene a tiempo, puede no dejarle secuelas. Dentro de todo, es la mejor zona; dentro de todo, añadí guardando para mí otros comentarios más pesimistas.

Noté su respiración, imaginé sus palpitaciones. Se había mantenido en silencio escuchando mis explicaciones. Padre de dos hijos pequeños, con mil proyectos en perspectiva, ahora su vida había dado un vuelco vertiginoso. Le planteé la posibilidad de ingresarlo para acelerar la intervención, pero me comentó que quería hablarlo con su mujer; uno de sus cuñados era médico. Me alegré de la noticia, pues en situaciones vitales tan críticas, un familiar médico siempre es un buen apoyo. Después de indicarle la medicación con la que combatir el edema, recogí las placas de la resonancia y se las entregué. Lo acompañé hasta la puerta y me despedí dándole un apretón de manos más prolongado de lo habitual.

Un tumor cerebral. Ninguna región del cuerpo es inmune a los tumores, pero ¿por qué demonios le había tocado a este joven sano y sin hábitos tóxicos enfrentarse a un tumor precisamente en el interior de su cerebro? Un tumor es una masa de tejido nuevo que crece independientemente de las estructuras que lo rodean. En principio, cualquier tejido intracraneal es potencialmente capaz de desarrollarlos. Del hueso, de las meninges... procesos benignos y malignos, primarios o metastásicos. En el caso de los tumores primarios, mayoritariamente no van a surgir de las neuronas, sino de las células que actúan de soporte: las células gliales. Tumores más o menos malignos según su capacidad de invasión y de crecimiento, que en la medida de lo posible siempre deben intervenirse quirúrgicamente. Avances en el campo de la anestesia, la neurocirugía y los tratamientos con radioterapia y quimioterapia han mejorado el pronóstico desalentador de este tipo de tumores. Pero ¿cómo se originan? ¿Se heredan? ¿Qué factores predisponen a la transformación de una célula normal en anormal? De entre las sombras se vislumbran rayos de luz que alientan a no desfallecer en las investigaciones abiertas: el hallazgo de oncogenes específicos de determinados tumores cerebrales, los protooncogenes o genes supresores que regulan la división celular y contribuyen a la transformación maligna y, por el contrario, los antioncogenes, también genes supresores, pero que actúan a favor del organismo como reguladores negativos del crecimiento tumoral en las células normales. La genética en acción; todo un campo de batalla por descubrir.

Me dolía la cabeza. Una cefalea de carácter tensional después de haber estado todo el día sentada, concentrada en el problema transmitido por por cada uno de los pacientes que habían acudido a visitarse. Junto con las migrañas, las cefaleas tensionales son las dos causas más frecuentes de dolor de cabeza, con mucho, las más frecuentes. De hecho, aunque son múltiples las posibles patologías generadoras de una cefalea, sólo en un 0,5% de las consultas médicas por dicho síntoma se diagnostica una causa grave, tumores incluidos, encontrándose por lo general en dichos casos datos de focalidad neurológica, o el hallazgo de un edema de papila en la exploración del fondo del ojo secundario al incremento de la presión intracraneal, como en el caso del paciente que acababa de visitar.

Mientras recogía las cosas (papeles, sobres, recetas y alguna revista clínica pendiente de revisar) me imaginé sentada frente al doctor. ¿Qué enfermedad crónica e irreversible estarían incubando mis células? Lógicamente, lo más probable era que me tocara sufrir alguna enfermedad. Por muy limpio que uno tenga el panorama familiar, es casi inevitable el momento de enfrentarse a un diagnóstico u otro: «Tiene usted una Esclerosis Múltiple, suele manifestarse en personas más jóvenes pero siempre hay excepciones y le ha tocado a usted, continúe su vida como si no le fuera a ocurrir otro brote aunque posiblemente tenga nuevos síntomas, nuevos sustos, quién sabe cómo evolucionará». O tal vez el destino me depare enfrentarme a un futuro sin memoria: «La exploración confirma un discreto pero amplio deterioro de sus funciones superiores, habrá oído hablar de la enfermedad de Alzheimer, intente leer, realice esfuerzos intelectuales, crucigramas, juegue a cartas o al ajedrez, si sabe usted jugar a cartas o al ajedrez... realice actividades que le entretengan y a la vez ejerciten su mente, estudie un idioma, aunque salga de la clase habiendo olvidado lo aprendido, el esfuerzo por aprender un idioma es un excelente ejercicio mental para su cerebro». Tiemblo al imaginarme escuchando en boca del médico la palabra *tumor*: «Su debilidad del brazo se debe a un tumor cerebral, es urgente la intervención». ¿No tiene historia familiar de tumores? Pues a alguien le tenía que tocar ser el primero. La predisposición genética a padecer una enfermedad no implica llegar a desarrollarla, pero tampoco implica no desarrollarla en caso de no existir antecedentes familiares. De hecho, lo más habitual es encontrarse frente a un paciente que no tiene antecedentes en su familia de la enfermedad que padece. Predisposición genética y factores ambientales. Virus, tóxicos... si viviéramos en una burbuja.

Era ya de noche cuando salí del despacho. Llegaba un fin de

semana que se anunciaba soleado. Comenzaba la primavera y la primavera en el Ampurdán es un paraíso de tranquilidad y belleza; las explanadas de trigo, el mar, despertarse en el campo, el canto del gallo como único problema, pasear, escuchar música, las sonatas de Beethoven, leer, la desatada pasión carnal de Thérèse Raquin, ¿cómo concluirá Émile Zola esta fascinante historia imaginada por su creativo sistema neuronal hace ciento cuarenta años? Transgresoras, eternas, intemporales historias sobre las emociones humanas, la fuerza de la palabra, escribir, menudo trío, los dejé bañándose en la piscina de un motel de carretera, *El viaje a Colorado*, un viaje hacia el interior de uno mismo. La infinita realidad de nuestras neuronas.

AGRADECIMIENTOS

Numerosas han sido las personas que han contribuido a la construcción de este libro: médicos, pacientes, familiares, amigos. Imposible referirme a todas ellas aunque las tengo muy presentes.

De un modo especial quiero agradecer a mi hermano Javier su apoyo y consejos sobre lecturas de pensamiento. A Adriano Jiménez Escrig, la revisión del capítulo de genética, asi como la lectura crítica de los aspectos neurológicos en general.

A Feliu Titus y Joan Prat, su colaboración diaria en el seguimiento de nuestros pacientes y a Domingo Escudero su apoyo e interés por el proyecto. A Cintia Cáceres, cuyas exploraciones han sido fuente de algunos casos clínicos comentados, la revisión del capítulo sobre la memoria. A Isidro Ferrer, la aclaración de ciertas dudas sobre la realización de una autopsia cerebral. A J.F. Martí Massó, su interés y ayuda en la búsqueda de un título apropiado. A mi hermana Cristina, la lectura del capítulo del desarrollo cerebral y su orientación sobre las dificultades para un lector inmerso en campos no científicos, y a mi prima Mercedes Güell, su estimulante lectura sobre el capítulo de las emociones.

Finalmente, mi más sincero agradecimiento a los pacientes, cuyas historias clínicas me sirvieron de referencia e inspiración a la hora de explicar las diferentes funciones cerebrales.

Gracias a todos.

BIBLIOGRAFÍA

1. De Aristóteles a Darwin
Chauvin, R. *Darwinismo. El fin de un mito.* Madrid: Espasa Calpe, 2000.
Darwin, Charles. *Teoría de la evolución.* Barcelona: Ediciones Península, 2001.
—. *El origen de las especies.* Madrid: Alianza Editorial, 2003.
—. *El origen del hombre.* Barcelona: Ediciones Petronio, 1973.
García-Bellido, A., Lawrence, P., Wolpert, L., y Martínez Arias, A. «Se busca un nuevo Darwin», artículo publicado en *El País* (Sampedro, J.), 19 de marzo de 2006.
Huisman, D. y Veergez, A. *Historia de los filósofos.* Madrid: Editorial Tecnos, 2000.
Magee, B. *Los grandes filósofos.* Madrid: Ediciones Cátedra, 1995.
Nichols, P. *Darwin contra Fitzroy.* Madrid: Temas de hoy, 2004.

2. Evolución hacia el pensamiento
Acarín, N. *El cerebro del rey.* Barcelona: RBA, 2002.
Arsuaga, J., e Martínez, I. *La especie elegida.* Madrid: Temas de hoy, 1998.
Baur, M. y Ziegler, G. *La aventura del hombre.* Madrid: Maeva Ediciones, 2003.
Kolb, B., y Whishaw, Ian Q. *Cerebro y conducta.* Madrid: Mc Graw Hill, 2002.

3. Las neuronas de Cajal / 4. En la sala de autopsias / 5. Enigmas sobre la organización del cerebro
Adams y Victor. *Principios de Neurología.* México: Mc Graw Hill, 2000.
Carter, R. *El nuevo mapa del cerebro.* Barcelona: RBA Libros, 2002.
Codina, A. *Tratado de neurología.* Madrid: ELA, 1994.
Kolb, B., y Whishaw, Ian Q. *Cerebro y conducta.* Madrid: Mc Graw Hill, 2002.
Kandel, E. *Neurociencias y conducta.* Madrid: Prencite Hall, 1999.
Fried, I. «Electrical current stimulates laughter». *Nature* 1998, 391:650.
Levitan, I.B., y Kaczmarek, I.K. *The neuron: Cell and molecular biology.* Oxford University Press, 1997.
Penfield, W. y Perot, P. «The brain's record of auditory and visual experience». *Brain,* 1963, 86:595-696.

Bibliografía

6. Mendel y la genética actual

Jiménez Escrig, A. *Manual de neurogenética*. Madrid: Ediciones Díaz de Santos, 2003.

Primrose, S.B. *Principles of genome analysis*. Oxford Blackwell Science, 1998.

Ridley, M. *Genoma. La autobiografía de una especie en 23 capítulos*. Madrid: Taurus, 2003.

Watson, J.D. *ADN. El secreto de la vida*. Madrid: Taurus, 2003.

7. Desarrollo cerebral

Berk, L.E. *Desarrollo del niño y del adolescente*. Madrid: Prentice Hall, 2001.

Campbell, D. *The Mozart effect*. Nueva York: Avon Books, 1997.

Kolb, B., y Whishaw, Ian Q *Cerebro y conducta*. Madrid: Mc Graw Hill, 2002.

Purves, D. *Principles of neural development*. Massachusetts Sunderland, 1994.

Ratey, John J. *El cerebro: manual de instrucciones*. Barcelona: Debate, 2003.

Edelman, G., y Tononi, G. *El universo de la conciencia*. Barcelona: Crítica, 1986.

Eriksson, P.S., *et al.* «Neurogenesis in the adult human hippocampus». *Nature Medicine* 1998, 4:1.313-1.317.

8. Envejecimiento y cerebro

Albert, M.L. *Clinical Neurology of Aging*. Nueva York: Oxford University Press, 1994.

Austad, S. *Why we age*. Nueva York: John Wiley and Sons, 1999.

Adams y Victor. *Principios de Neurología*. México: Mc Graw Hill, 2000.

Bobbio, N. *De Senectute*. Madrid: Taurus, 1997.

Buell S.J., y P.D. Coleman. «Dendritic growth in the aged human brain and failure of growth in senile dementia». *Science* 1979, 206:854.

Cameron, H.A. y Mackay, R.D.G. «Restoring production of hippocampal neurons in old age» en *Nature Neurosc*. 1999, 2:894-897.

Finch, C.E. *Longevity, Senescence and Genome*. Chicago: University Press, 1990.

Gould, E., *et al.* «Learning enhances andult neurogenesis in the hippocampal formation» en *Nature Neurosc*., 1999, 2:260-265.

Güell, J. *Antiaging*. Barcelona: L'esfera dels llibres, 2005.

Hayflik, L. *How and why we age*. Nueva York: Baltimore Books, 1994.

Hesse, H. *Elogio de la vejez*. Barcelona: Muchnik Editores, 2001.

Kahn, R. y Rowe, J. *Successful aging*. Nueva York: Delacorte Press, 1999.

Kirkwood, T.B. *El fin del envejecimiento*. Barcelona: Tusquets Editores, 2000.

Levi Montalcini, R. *El as en la manga*. Barcelona: Crítica, 2003.

Pamies, T. *La aventura de envejecer*. Barcelona: Ediciones Península, 2002.

Praga, H., *et al.* «Running increases cell proliferation and neurogenesis in the adult mose dentate gyrus», en *Nature Neurosc*. 1999, 2:266-270.

Mora, F. *El sueño de la inmortalidad*. Madrid: Alianza Editorial, 2003.

Morgan, T.E., *et al.* «The mosaic of brain glial hiperactivity during normal ageing and its attenuation by food restriction». Neuroscience, 1999, 89:687-699.

Ramon y Cajal, S. *El mundo visto a los ochenta años*. Madrid: Tipografía Artística, 1934.

Ribera, J.M. *Función mental y envejecimiento*. Madrid: Editores Médicos, 2002.

Roth, G.S., *et al.* «Calorie restriction in Primates» en *J.Am. Geriatr. Soc.*, 1999, 47:896- 903.

Wilcox, B., Wilcox, C. y Suzuki, M. *The Okinawa Way*, Londres: Michell Jospeh Editorial, 2001.

9. El don de la palabra

Adams y Victor. *Principios de Neurología*. México: Mc Graw Hill, 2000.

Bickerton, D. *Lenguaje y especies*. Madrid: Alianza Editorial, 1994.

Calvin, W.H. *Cómo piensan los cerebros*. Barcelona: Debate, 2001.

Chomsky, N. *Sobre la naturaleza y el lenguaje*. Cambridge University Press, 2002.

Kandel, E. *Neurociencias y conducta*. Madrid: Prencite Hall, 1999.

Kolb, B. y Whishaw, Ian Q. *Cerebro y conducta*. Madrid: Mc Graw Hill, 2002.

Luria, A.R. *Lenguaje y conciencia*. Madrid: Pablo del Río, 1980.

Marina, J.A. *La selva del lenguaje*. Barcelona: Anagrama, 1998.

Pinker, S. *El instinto del lenguaje. Cómo crea el lenguaje la mente*. Madrid: Alianza, 1995.

Rains, G.D. *Principios de neuropsicología humana*. México: Mc Graw Hill, 2004.

Ratey, John J. *El cerebro: Manual de instrucciones*. Barcelona: Debate, 2003.

Sacks, Oliver. *Veo una voz*. Barcelona: Anagrama, 2003.

10. El mundo a través de los sentidos
Adams y Victor. *Principios de Neurología*. México: Mc Graw Hill, 2000.

Carter, R. *El nuevo mapa del cerebro*. Barcelona: RBA Libros, 2002.

Codina, A. *Tratado de neurología*. Madrid: ELA, 1994.

Rains, G.D. *Principios de neuropsicología humana*. México: Mc Graw Hill, 2004.

Glaser, J.S. *Neuro-ophthalmology*. Philadelphia: J.B. Lippincott Company, 1990.

Güell, X. *Música de hoy*. Comunidad de Madrid, Programa temporada 2003-2004.

Kandel, E. *Neurociencias y conducta*. Madrid: Prencite Hall, 1999.

Kolb, B. y Whishaw, Ian Q. *Cerebro y conducta*. Madrid: Mc Graw Hill, 2002.

Matlin, M. *Sensación y percepción*. México: Prentice Hall, 1996.

Mesulan, M-M. *Principles of Behavioral and Cognitive Neurology*. Nueva York: Oxford University Press, 2000.

Ratey, John J. *El cerebro: Manual de instrucciones*. Barcelona: Debate, 2003.

Sacks, O. *El hombre que confundió a su mujer con un sombrero*. Barcelona: Anagrama, 2002.

—. *Veo una voz*. Barcelona: Anagrama, 2003.

Schopenhauer, A. *El mundo como voluntad y representación*. Madrid: Editorial Trotta, 2004.

11. La complejidad del movimiento
Adams y Victor. *Principios de Neurología*. México: Mc Graw Hill, 2000.

Codina, A. *Tratado de neurología*. Madrid: ELA, 1994.

Kandel, E. *Neurociencias y conducta*. Madrid: Prencite Hall, 1999.

Kolb, B. y Whishaw, Ian Q. *Cerebro y conducta*. Madrid: Mc Graw Hill, 2002.

Ratey, John J. *El cerebro: Manual de instrucciones*. Barcelona: Debate, 2003.

Sacks, O. *El hombre que confundió a su mujer con un sombrero*. Barcelona: Anagrama, 2002.

—. *Despertares*, Barcelona: Anagrama, 2005.

12. Emociones bajo control
Adams y Victor. *Principios de Neurología*. México: Mc Graw Hill, 2000.

Andreasen, N.C. *The Broken Brain: The biological revolution in Psychiatry*. Nueva York: Harper and Row, 1984.

—. *Un cerebro feliz. La conquista de la enfermedad mental en la era del genoma.* Barcelona: Ars Medica, 2003.

Carter, R. *El nuevo mapa del cerebro.* Barcelona: RBA Libros, 2002.

Damasio, A.R. *El error de Descartes.* Barcelona: Crítica, 1996.

—. *En busca de Spinoza.* Barcelona: Crítica, 2005.

Freud, S. *La interpretación de los sueños.* Barcelona: Alianza Editorial, 2005.

—. *Psicopatología de la vida cotidiana.* Barcelona: Alianza Editorial, 2005.

Fuster, J. *The prefrontal cortex.* Philadelphia: Lippencott-Raven, 1997.

Gay, P. *Freud. Una vida de nuestro tiempo.* Barcelona: Paidós, 1990.

Gazzaniga, Ms. *The New Cognitive Neurociences.* Cambridge: Mass: MIT Press, 2000.

Goleman, D. *Inteligencia emocional.* Barcelona: Kairós, 1996.

Jung, C.G. *Recuerdos, sueños, pensamientos.* Barcelona: Seix Barral, 1986.

—. *El hombre y sus símbolos.* Barcelona: Caralt, 1984.

Kandel, E. *Neurociencias y conducta.* Madrid: Prencite Hall, 1999.

Kolb, B. y Whishaw, Ian Q. *Cerebro y conducta.* Madrid: Mc Graw Hill, 2002.

Mesulan, M-M. *Principles of Behavioral and Cognitive Neurology.* Nueva York: Oxford University Press, 2000.

LeDoux, J. *The emotional brain.* Nueva York: Simon and Schuster, 1996.

Ratey, John J. *El cerebro: Manual de instrucciones.* Barcelona: Debate, 2003.

Robertson, R. *Introducción a la psicología junguiana.* Barcelona: Ediciones Obelisco, 2002.

Berry, R. *Freud. Guía para jóvenes.* Salamanca: Lóguez Ediciones, 2000.

Spinoza, B. *Ética.* Barcelona: Alianza Ediciones, 2002.

13. Memoria y aprendizaje

Adams y Victor. *Principios de Neurología.* México: Mc Graw Hill, 2000.

Bekkers, J., *et al.* «Presynaptic mechanism for long-term potentiation in the hippocampus». *Nature* 1990, 346:724-728.

Carter, R. *El nuevo mapa del cerebro.* Barcelona: RBA Libros, 2002.

Kandel, E.R. *Neurociencia y conducta.* Madrid: Prentice Hall, 1999.

Kempermann G. *et al.* «Experience induced neurogenesis in the senescent dentate gyrus». *Journal of Neuroscience* 1998, 18:3.206-3.212.

Kolb, B. *Cerebro y conducta. Una introducción.* Madrid: Mc Graw Hill, 2002.

Kolb, B. y Whishaw, Ian Q. «Brain plasticity and behavior». *Annual Review of Psychology* 1998, 49:43-64.

Luria, A. *The Mind of a Mnemonist.* Londres: Jonathan Cape, 1969.

Bibliografía

Martínez Lage, J.M. y Robles, A. *Alzheimer*. Madrid: Aula Médica Ediciones, 2001.

Mc Naughton, N., *et al.* «Reactivation of hippocampal ensemble memories during sleep». *Science* 1994, julio, págs. 676-679.

Platón. *Diálogos II. Gorgias Menéxeno, Eutidemo, Menón, Crátilo*. Madrid: Editorial Gredos, 2004.

Rains, G.D. *Principios de neuropsicología humana*. México: Mc Graw Hill, 2004.

Ratey, John J. *El cerebro: Manual de instrucciones*. Barcelona: Debate, 2003
.

14. En la consulta del neurólogo

Adams y Victor. *Principios de neurología*. México: Mc Graw Hill, 2000.

Blau, J.N. *Migraine*. Londres: Chapman and Hall, 1987.

Chan, P.H. *Cerebrovascular disease. 22nd Princenton Conference*. Reino Unido: Cambridge University press, 2003.

Cohen J.A, Rudick R.A. *Multiple Sclerosis Therapeutics,* Reino Unido: Martin Dunitz Ltd, 2003.

Engel, J. Jr. *Epilepsy: A comprehensive Texbook*. Philadelphia: Davis, 1998.

Howard, G., et al. «Cigarrette smoking and progression of atherosclerosis The Atherosclerosis Risk.» Communitie (ARIC) Study, *JAMA* 1998; 279: 119-124.

Jankovic, Joseph y Tolosa, Eduardo. *Parkinson's disease and movement disorders*. Philadelphia: Williams and Wilkins, 1998.

Levine, A.J, Schmidek, Hh. *Molecular Genetics of Nervous System Tumors*. Nueva York: Wiley-Liss, 1993.

Matthews, W.B. *McAlpine's Multiple Sclerosis*. Nueva York: Churchill Livingstone, 1991.

Moskowitz, M.A. «Neurotransmitters and the fifth craneal nerve: is there a relation to the headache phase of the migraine?» *Lancet* 1979; II: 883-884.

Porter, R.J. *Epilepsy: 100 Elementary Principles*. Philadelphia: Saunders, 1989.

Sacks, O. *Migraña*. Barcelona: Anagrama, 1997.

Tissot, R. *La maladie de Pick*. París: Masson, 1975.

Titus, F. *Vencer la migraña. Del conocimiento al control*. Barcelona: Viena Ediciones, 2004.

Vinken, P.J. *Handbook of Clinical Neurology: Vol 11*. Vascular Disease of the Nervous System. Amsterdam: Elsevier health sciences, 1988.

Zulch, Kj., *Brain Tumors. Their Biology and Pathology*. Nueva York: Springer-Verlag, 1986.